中国海上风电丛书

"十四五"时期国家重点出版物出版专项规划项目

LOADING CHARACTERISTICS AND OPTIMIZED DESIGNS OF
HYBRID MONOPILE FOUNDATION FOR OFFSHORE WIND TURBINES

海上风电复合式桩－盘基础
承载特性及优化设计

OFFSHORE
WIND POWER
OF CHINA

王雪菲 李家乐 李树鑫 著

中国水利水电出版社
www.waterpub.com.cn

·北京·

内 容 提 要

本书是"十四五"时期国家重点出版物出版专项规划项目——中国海上风电丛书之一，也是业界首次对海上风电机组复合式桩－盘基础的系统性研究总结。海上风力发电产业的发展面临平价化入网挑战。本书通过系统性研究，详细地介绍了复合式桩－盘基础的承载特性。相对于传统基础形式，复合式桩－盘基础承载效率明显提升，有效降低了海上风力发电机的建造成本。因此，复合式桩－盘基础在海上风电产业具有广阔的应用前景。

本书适合从事海上风电场相关工作的人员阅读，亦可作为土木、水利等相关专业的教学、科研及工程技术人员的参考书。

图书在版编目（CIP）数据

海上风电复合式桩-盘基础承载特性及优化设计 ／ 王
雪菲等著. -- 北京 ： 中国水利水电出版社，2024.3
（中国海上风电丛书）
ISBN 978-7-5226-2112-8

Ⅰ．①海… Ⅱ．①王… Ⅲ．①海上－风力发电－发电
厂－电力工程－桩基础 Ⅳ．①TM614

中国国家版本馆CIP数据核字(2024)第018024号

书　　　名	中国海上风电丛书 **海上风电复合式桩－盘基础承载特性及优化设计** HAISHANG FENGDIAN FUHESHI ZHUANG－PAN JICHU CHENGZAI TEXING JI YOUHUA SHEJI
作　　　者	王雪菲　李家乐　李树鑫　著
出 版 发 行	中国水利水电出版社 （北京市海淀区玉渊潭南路1号D座　100038） 网址：www.waterpub.com.cn E-mail：sales@mwr.gov.cn 电话：(010) 68545888（营销中心）
经　　　售	北京科水图书销售有限公司 电话：(010) 68545874、63202643 全国各地新华书店和相关出版物销售网点
排　　　版	中国水利水电出版社微机排版中心
印　　　刷	北京印匠彩色印刷有限公司
规　　　格	184mm×260mm　16开本　12.5印张　296千字
版　　　次	2024年3月第1版　2024年3月第1次印刷
定　　　价	**76.00元**

前　言

世界面临环境污染和能源危机问题，将对全球生态环境及国家能源安全带来严重危害。因此，绿色可再生能源备受关注，其中，风能是目前发展最为迅速、前景最为广阔的可再生能源之一。相对于陆上风能，海上风能资源丰富、发电效率高，且我国电力负荷中心大多位于沿海地带，海上风能的发展能够更有效地满足我国的用电需求。根据全球风能理事会统计，我国海上风力发电机总装机容量在 2021 年首次超越英国，成为全球第一大海上风电市场。并且，在未来的发展中，海上风能的发展仍将呈现稳步上升的趋势。

随着海上风电产业的快速发展，对于近海及潮间带海上风能的开发与利用逐渐趋于饱和。海上风力发电机的建造呈现由近海到远海、由浅水到深水的发展趋势，由此将带来更加严峻的海洋环境荷载。传统单桩基础适用于浅海区域，其桩径随建造水深的上升而迅速增加，由此带来高昂的建造及施工成本使其无法适用于深海环境。借鉴带有稳定平台的可嵌入式挡土墙的设计理念，学者们提出一种可应用于海上风电机组的新型复合式桩 – 盘基础，其由传统单桩基础和重力式圆盘基础组合而成。复合式桩 – 盘基础在单桩和重力盘的协同承载作用下，承载性能大大提升，具有更为广阔的发展前景。

本书内容共分为 10 章。在第 1 章，首先进行大量的文献调研工作，简要介绍目前海上风能的开发与利用；根据海上风力发电机的发展趋势，引出新型复合式桩 – 盘基础的设计合理性和必要性，概括分析目前针对这种新型复合式桩 – 盘基础的国内外研究现状。在第 2 ~ 5 章，通过开展一系列离心机模型试验，系统性研究复合式桩 – 盘基础在复杂海洋荷载作用下的承载响应特性，其中，重力盘部件分为钢制重力盘和碎石重力盘；考虑单调水平荷载及典型地震荷载作用下的承载响应特性，揭示不同加载参数和基础尺寸条件下复合式桩 – 盘基础的承载特性响应机理和失效破坏模式。在第 6 章，基于离心机试验数据验证，分别使用 ABAQUS 和 OPENSEE 建立一系列包含钢制重力盘部件的复合式桩 – 盘基础有限元数值模型。在第 7 章，采取极限状态分析法，探究复合式桩 – 盘基础中各部件的荷载传递机制与失效破坏机理，通过将这种新型复合式桩 – 盘基础中重力盘的承载作用简化为对桩头的额外转动约束和重力盘与下覆土层间的摩擦力，建立一种等效重力盘法计算模型，从而高质量地评估海上风电机组复合式桩 – 盘基础的极限水平承载能力。在第 8 章，考虑水平 – 竖向荷载联合作用下复合式桩 – 盘基础中单桩与重力盘间连接方式对基础整体水平承载特性的影响机理，完成安装方式优化，进而提出一种针对海上风电机组复合式桩 – 盘基础的最优化基础安装方案。在第 9 章，基于土结相互作用机理，深入分析基础建造尺寸参数对复合式桩 – 盘基础水平承载响应特性的影响机理，完成基础尺寸优化分析，从而有效提升复合式桩 – 盘基础的承载效率。在第 10 章，考虑不同加速度峰值地震和渗透系数的影响，总结饱和砂土场地不同基础的动力响应规律，根据土体的抗液化提升比和附加应力提升比描述了饱和砂土场地土体抗液化性能的分布规律，提出修正的土体抗液化潜力预估方法。

作者团队对新一代海上风力发电基础，尤其是对于这种新型复合式桩－盘基础，开展系统性研究。研究成果已申请相关国际专利，在业界具有广泛的影响力。本书为业界首次对海上风电机组复合式桩－盘基础开展综合讨论分析，通过对复合式桩－盘基础进行简要介绍，同时总结研究团队现有的研究结果，归纳出一整套研究设计体系，为这种新型复合式桩－盘基础在海上风电产业的应用提供设计参考。

在本书的创作过程中，团队的博士生和硕士生们也做出了大量的贡献，在此感谢他们的辛苦付出。同时，还要感谢国家自然科学基金的资助，感谢中国水利水电出版社对于本书出版给予的大力支持。

由于作者水平有限，书中难免会有不足之处，敬请读者批评指正。

作者
2023 年 10 月

目　录

前言

第1章　绪　论 ……………………………………………………………… 1

1.1　海上风能开发与利用 ………………………………………………… 1

1.2　海上风机基础的发展与应用 ………………………………………… 3

1.3　创新型基础设计的合理性与必要性 ………………………………… 5

1.4　国内外研究现状 ……………………………………………………… 6

　　1.4.1　水平承载能力计算分析方法 ………………………………… 6

　　1.4.2　水平－竖向联合承载特性与组件连接方式影响 …………… 7

　　1.4.3　循环荷载承载响应特性 ……………………………………… 8

　　1.4.4　动力承载响应特性 …………………………………………… 8

　　参考文献 …………………………………………………………… 11

第2章　离心机试验和离心机振动台试验 …………………………… 20

2.1　离心机试验 …………………………………………………………… 20

　　2.1.1　试验模型 ……………………………………………………… 20

　　2.1.2　试验土样 ……………………………………………………… 22

　　2.1.3　试验步骤 ……………………………………………………… 23

2.2　离心机振动台试验 …………………………………………………… 24

　　2.2.1　试验模型 ……………………………………………………… 25

　　2.2.2　试验土样 ……………………………………………………… 27

　　2.2.3　试验步骤 ……………………………………………………… 27

　　参考文献 …………………………………………………………… 29

第3章　复合式桩－盘基础水平承载特性机理分析 ……………… 33

3.1　引言 …………………………………………………………………… 33

3.2　离心机试验结果 ……………………………………………………… 33

3.3　复合式桩－盘基础承载特性分析 …………………………………… 36

　　3.3.1　单桩基础水平承载响应 ……………………………………… 37

　　3.3.2　重力盘基础水平承载响应 …………………………………… 38

　　3.3.3　复合式桩－盘基础水平承载响应 …………………………… 39

3.4　小结 ··· 40

参考文献 ··· 41

第4章　基于极限水平承载能力的复合式桩－盘基础参数分析 ············· 42

4.1　引言 ··· 42

4.2　离心机试验结果 ··· 42

4.2.1　重力盘直径影响 ·· 42

4.2.2　重力盘厚度影响 ·· 44

4.3　极限承载力影响因素分析 ··· 46

4.4　极限承载力评估 ··· 49

4.5　小结 ··· 55

参考文献 ··· 55

第5章　典型地震荷载作用下复合式桩－盘基础动力响应特性 ············· 57

5.1　引言 ··· 57

5.2　离心机试验结果 ··· 57

5.2.1　干燥试验 ··· 57

5.2.2　饱和试验 ··· 62

5.3　讨论分析 ··· 71

5.3.1　动力响应机理 ·· 71

5.3.2　重力盘尺寸影响 ·· 72

5.3.3　重力盘类型影响 ·· 74

5.4　小结 ··· 75

参考文献 ··· 75

第6章　复合式桩－盘基础有限元数值模型的建立与验证 ··················· 77

6.1　静力有限元模型的建立 ··· 77

6.2　静力有限元模型的验证 ··· 78

6.3　动力有限元模型的建立 ··· 79

6.4　动力有限元模型的验证 ··· 81

6.4.1　单桩基础的试验和模拟结果分析 ··· 81

6.4.2　复合式桩－盘基础的试验和模拟结果分析 ····························· 84

6.5　小结 ··· 90

参考文献 ··· 90

第7章　基于等效重力盘法的极限水平承载特性计算模型 ··················· 93

7.1　引言 ··· 93

7.2　整体及各部件承载特性 ··· 93

7.3　重力盘承载机制 ··· 95

7.3.1　盘下竖向土压力特性 ··· 95

7.3.2　重力盘与土体之间的水平摩擦力 ·· 97

7.3.3 重力盘对桩身的等效恢复弯矩 ……………………………………… 100

7.4 桩 – 土相互作用特性 ……………………………………………………… 102

7.4.1 土体变形特性 …………………………………………………… 102

7.4.2 桩身土压力分布 ………………………………………………… 103

7.4.3 弯矩分布特性 …………………………………………………… 104

7.5 基于等效重力盘法的简化分析方法 …………………………………… 105

7.5.1 重力盘等效方法分析 …………………………………………… 105

7.5.2 简化计算分析方法的建立 ……………………………………… 107

7.5.3 简化计算分析方法的验证 ……………………………………… 107

7.6 小结 ………………………………………………………………………… 108

参考文献 ……………………………………………………………………… 109

第8章 海上风机复合式桩 – 盘基础安装方式优化 ……………………………… 111

8.1 引言 ………………………………………………………………………… 111

8.2 桩 – 盘连接方式对基础水平承载特性的影响 ……………………… 111

8.2.1 水平荷载 – 位移曲线 …………………………………………… 111

8.2.2 桩 – 盘荷载传递机制 …………………………………………… 112

8.2.3 盘 – 土相互作用特性 …………………………………………… 114

8.2.4 水平承载破坏特性 ……………………………………………… 115

8.3 竖向承载特性 …………………………………………………………… 117

8.3.1 竖向荷载 – 位移曲线 …………………………………………… 117

8.3.2 竖向加载方案 …………………………………………………… 118

8.4 水平 – 竖向荷载耦合承载特性 ……………………………………… 119

8.4.1 水平荷载 – 位移曲线 …………………………………………… 119

8.4.2 极限水平承载能力 ……………………………………………… 121

8.4.3 土体响应云图和盘 – 土有效接触面积 ……………………… 123

8.4.4 承载破坏机理分析 ……………………………………………… 125

8.5 最优安装方案及应用前景 ……………………………………………… 134

8.6 小结 ………………………………………………………………………… 135

参考文献 ……………………………………………………………………… 136

第9章 海上风机复合式桩 – 盘基础尺寸优化 ………………………………… 138

9.1 引言 ………………………………………………………………………… 138

9.2 水平荷载 – 位移曲线 …………………………………………………… 138

9.3 极限水平承载特性 ……………………………………………………… 139

9.4 荷载传递机制影响特性 ………………………………………………… 140

9.5 承载破坏机理影响特性 ………………………………………………… 142

9.5.1 桩身挠度特性 …………………………………………………… 142

9.5.2 土压力分布特性 ………………………………………………… 145

9.5.3　弯矩分布特性 ·· 150

9.6　小结 ·· 151

参考文献 ··· 152

第 10 章　复合式桩 – 盘基础动力液化特性研究 ······················ 154

10.1　引言 ··· 154

10.2　0.35g 峰值地震波、高渗透系数工况下基础响应模拟分析 ·········· 155

　　10.2.1　孔压比分布云图 ··· 155

　　10.2.2　自由场动力响应模拟分析 ··································· 156

　　10.2.3　不同时间节点基础孔压比响应规律模拟分析 ··············· 157

10.3　0.10g 峰值地震波、高渗透系数工况下基础响应模拟分析 ·········· 163

　　10.3.1　孔压比分布云图 ··· 163

　　10.3.2　自由场动力响应模拟分析 ··································· 164

　　10.3.3　不同时间节点基础孔压比响应规律模拟分析 ··············· 165

10.4　0.10g 峰值地震波、低渗透系数工况下基础响应模拟分析 ·········· 170

　　10.4.1　孔压比分布云图 ··· 171

　　10.4.2　自由场动力响应模拟分析 ··································· 172

　　10.4.3　不同时间节点基础孔压比响应规律模拟分析 ··············· 173

10.5　不同峰值地震波和渗透系数下地表沉降量模拟分析 ·············· 179

10.6　不同峰值地震波和渗透系数工况下塔头动力响应分析 ············ 180

　　10.6.1　不同峰值地震波工况下塔头水平位移响应对比分析 ········· 180

　　10.6.2　不同渗透系数工况下塔头水平位移响应对比分析 ··········· 181

10.7　抗液化能力分析 ·· 182

　　10.7.1　抗液化提升比 ··· 182

　　10.7.2　附加应力提升比 ··· 183

10.8　抗液化能力预估方法 ·· 186

10.9　小结 ·· 188

第1章 绪 论

1.1 海上风能开发与利用

近年来，随着世界经济的快速发展，人们将不可避免地面临能源枯竭问题。当今世界主要能源仍为传统的化石燃料，如石油、天然气和煤炭等。众所周知，天然气和石油资源将在 2050 年前罄尽，而煤炭资源虽然能够在 100 ~ 200 年内满足世界发展的需要，但其燃烧过程中会产生严重的污染问题，不利于世界实现碳零排放的目标 [1]。除此之外，能源危机还会影响一个国家的可持续发展。传统的能源安全观念是保证充足的能源供应。然而，在能源结构发生改变的今天，世界能源格局同样发生显著变化。发展低碳、清洁、可持续的可再生能源将成为保证人类能源安全的新目标 [2]。根据《巴黎气候协定》达成的一致意见，如果全球温度升幅不超过 2℃，便可以满足全球气候的稳定可持续发展。毫无疑问，单一地限制碳排放会制约世界经济。因此，为在保证全球经济稳步发展的前提下实现该目标，就需要对全球能源系统提供全方位且快速的整改规划 [3]。能源生产与能源消费在全球经济中所占的比重与日俱增 [4]。在未来新的世界能源格局下，传统的化石能源将变得十分昂贵，并且无法满足不断增长的电力需求，从而造成能源短缺问题 [5]。可再生能源可以极大地降低传统能源的消耗。现有政策建立的预测模型表明，在 2040 年，化石能源发电量占比将下降至 50% 以下，其中煤炭发电量占比将降至 25%[6]，说明可再生能源发电量占比将呈现明显上升趋势。国际能源署（IEA）在对未来世界能源进行了详尽的分析后，认为世界对石油的需求将会逐渐回落，且不会再有高峰 [7]。"十四五"时期我国可再生能源发展也将进入新阶段。2021 年 3 月 12 日，全国人民代表大会发布了《中华人民共和国国民经济和社会发展第十四个五年（2021—2025 年）规划和 2035 年远景目标纲要》，其中明确表示："进行能源革命，建设清洁低碳、安全高效的能源体系提高能源供给保障能力。加快发展非化石能源，坚持集中式和分布式并举，大力提升风电、光伏发电规模，加快发展东中部分布式能源，有序发展海上风电，加快西南水电基地建设，安全稳定推动沿海核电建设，建设一批多能互补的清洁能源基地，非化石能原占能源消费总量比重提高到 20% 左右。推动煤炭生产向资源富集地区集中，合理控制煤电建设规模和发展节泰，推进以电代煤。有序放开油气勘探开发市场准入，加快深海、深层和非常规油气资源利用，推动油气增储上产。因地制宜开发利用地热能。"基于以上各方观点可以发现，发展可再生的清洁能源成为未来世界能源格局的主流发展方向。

在全球能源消费需求不断上升的趋势推动下，可再生能源受到人们的广泛关注。风能是目前发展最为迅速、前景最为广阔的可再生能源之一 [8]。我国可用于开发的陆地风能资源和海洋风能资源分别约为 253GW 和 750GW[9]。相较于陆上风电场，海上风电场不仅储量丰富，而且远离人群、不占用土地资源、风速较高且稳定，平均年发电量可比陆上高出 50%[10, 11]。尤其是对于我国来说，电力负荷中心一般位于沿海城市区域，因此海上风电场的应用可以有效地避免电力的大规模和远距离传输问题[12]。2022 年 8 月 29 日，由工业和信息化部、财政部、商务部、国务院国有资产监督管理委员会和国家市场监督管理总局五部门联合印发的《加快电力装备绿色低碳创新发展行动计划》（工信部联重装〔2022〕105 号）指出："重点发展 8MW 以上陆上风电机组及 13MW 以上海上风电机组，研发深远海漂浮式海上风电装备。突破超大型海上风电机组新型固定支撑结构、主轴承及变流器关键功率模块等。加大基础仿真软件攻关和滑动轴承应用，研究开发风电叶片退役技术路线。"因此，在我国未来的能源发展规划中，海上风能的开发与利用将备受关注。世界海上风电论坛（WFO）发布的《2020 年全球海上风电报告》和全球风能理事会（GWEC）公布的数据显示，2020 年全球海上风电新增装机容量超过 6GW，其中中国贡献了一半以上的新增装机容量，总装机容量超过德国，成为世界第二大海上风电市场。如图 1.1 所示，截至 2020 年，全球海上风力发电机的总装机容量达 32.5GW，减少了 6250 万 t 的碳排放，相当于抵消了 2000 多万辆汽车的碳排放量。据最新统计，2021 年全球海上风力发电机的总装机容量达 57.2GW，新增装机容量也达到了 21.1GW，其中来自中国的新增装机容量占比高达 80%，中国也超越英国，首次成为全球第一大海上风力发电市场。据最新预测数据[13]，2021—2026 年和 2026—2031 年全球海上风电年度新增装机容量复合平均增长率将分别达到 6.3% 和 13.9%。预计到 2027 年年底和 2030 年年底，全球海上风电新增发电量将分别超过 30GW 和 50GW[14]。

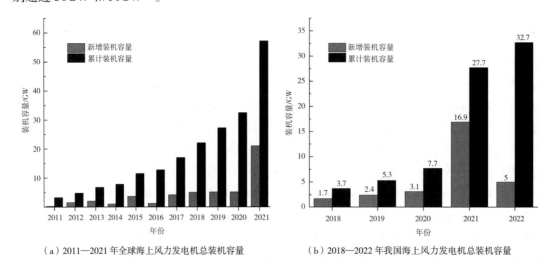

（a）2011—2021 年全球海上风力发电机总装机容量 　　（b）2018—2022 年我国海上风力发电机总装机容量

图 1.1 海上风电产业发展

尽管海上风力发电场有诸多优势，但 2021 年中国海上风力发电机累计装机容量仅占全国风电总装机容量的 7.3%，该比例虽然高于 2018 年的 2.4%、2019 年的 2.9% 和 2020 年的 3.3%，呈现明显的上升势头，但对于海上风能的开发与利用仍有较大的上升空间。造成这一反差的最主要原因是海上风力发电机高昂的建造成本问题。为实现海上风电平价化入网，2021 年 11 月 29 日国家能源局和科技部发布的《"十四五"能源领域科技创新规划》要求："大力发展风力发电技术，涉及深远海域海上风电开发及超大型海上风机技术、退役风电机组回收与再利用技术、大容量远海风电友好送出技术、风电机组与风电场数字化智能化技术等四类。"值得注意的是，海上风电基础的设计、建造和施工占总建设成本的 15% ~ 40%[15, 16]。合理的基础设计优化与选型可以有效地降低基础建设成本，从而助力于海上风电产业的发展与应用，为世界各国提供安全可持续的能源供应。

1.2 海上风机基础的发展与应用

如图 1.2 所示，海上风力发电机的建造水深和离岸距离呈现逐年上升的发展趋势。同时，随着电力需求的增加和海上风电利用率的不断提升，单机发电容量也逐年上升。事实证明，如何通过合理的基础设计，使得在保证成本的原则上满足对基础承载能力的要求，对海上风力发电机的长远发展至关重要[17]。海洋环境中荷载形式复杂，如图 1.3 所示，海上风力发电机结构经常会受到海风、水流、波浪以及冰雪袭击，从而会产生较大的水平倾覆荷载和倾覆弯矩[18]。由于海上风力发电机属于轻巧型结构，因此其承载机制与陆上风力发电机会有明显的差异[19, 20]。同样地，现有的海上石油平台设计标准也无法直接应用到海上风电项目的设计建造过程中[21, 22]。海上风力发电机通常由多个独立的结构单独设计，最后组装而成。因此，合理的基础设计与选型在设计建造过程中便尤为重要。在海上风电产业密集的欧洲，2020 年海上风力发电机的平均离岸距离和平均建造水深分别为 44km 和 36m[23]。

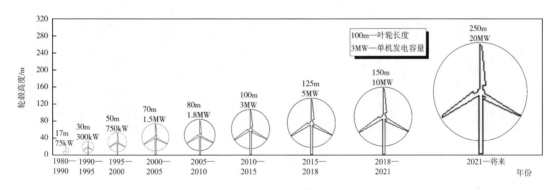

图 1.2　海上风力发电机建造发展趋势[20]

目前，国内外常见的海上风机基础形式分别为重力式基础、单桩基础、三脚架基础、导管架基础、吸力式桶形基础以及最近流行的漂浮式基础等。每种海上风机基础类型都有其优势和局限性。基础选型需要根据岩土工程勘察、海上风机发电功率、场地环境条件确定[24, 25]。现有的海上风机大多采用固定式基础支撑结构，其建造水深往往小于 30m。海上风机基础的典型形式如图 1.3 所示[20]。目前，单桩基础是已安装海上风机中应用最广泛的支撑结构，其建造和施工技术相对成熟。截至 2019 年，在欧洲有 4258 个单桩基础支撑形式的海上风机结构，占已安装海上风电市场份额的 81%[26]。单桩基础多为大直径管桩，往往需要将其总长度的40% ~ 50% 打入海底，从而提供竖向承载力和水平承载力[27, 28]。然而，随着水深的增加，单桩基础桩径也将迅速增加，从而显著提升了材料和安装成本[29]。重力式基础是另一种流行的

3

浅基础。根据 2019 年统计数据，重力式基础支撑形式的海上风机结构有 301 台，占 5.7% 的市场份额 [26]。重力式基础往往由钢筋混凝土与压舱物组成，其通过自重提供抗力。虽然重力式基础的材料和施工成本低于单桩基础，但其安装过程中需要进行地基铺平与加固等前期准备工作，因此需要特别注意其安装成本的影响，一般在桩基不易打入的海上场地采用重力式基础 [30]。在相对较深的水深，多采用导管架基础。截至 2017 年，欧洲已安装 468 个导管架支撑形式的海上风机结构，占总市场份额的 8.9% [26]。导管架基础采用 3 根或 4 根钢管柱的格构式桁架组合设计，该理念最初作为海洋平台基础使用 [24]。导管架基础将海上风机的适用建造水深扩大到 80m，但其建造和安装成本的增加限制了其在实际工程中的应用 [29]。关于吸力式桶形基础，目前已有多位学者对其进行了研究 [31-34]。吸力式桶形基础利用其自重和吸力将上翻式吊桶插入海底，显著提升了安装效率，节约了时间和成本 [35, 36]。这一新颖的概念最初被用作海上油气平台，其在海上风电领域具有广阔的应用前景 [37]。然而，吸力式桶形基础的应用受到水深和土质条件的严格限制。为了更高效地利用风能资源，海上风电场逐渐向深海发展。为了适应更深水域，对于漂浮式基础的研究也在如火如荼地进行中 [25, 38]。

a—单桩基础（陆上）；b—重力式基础；c—单桩基础；d—吸力式桶形基础；e—三脚架基础；f—导管架基础；g—漂浮式基础（TLP）

图 1.3　风机基础示意图

海上风机基础结构受到上部结构运行产生的风压倾覆荷载以及风、浪、流等海洋环境荷载的耦合作用，其可简化为具有一定偏心高度的等效水平荷载，从而得到海上风机结构极限状态下的承载能力 [39]。挪威船级社设计规范（以下简称 DNV 规范）建议以 0.5° 作为海上风力发电机正常运行中的最大允许旋转角度 [40]。在设计过程中，海上风力发电机组基础和桩 – 土系统的水平承载响应成为关键影响因素。根据 DNV 规范可以计算单桩基础的水平承载能力，该规范已广泛应用于海上风电机组单桩基础的设计，其采用 Winkler 方法，将土体理想化为一系列控制非线性桩 – 土相互作用的离散独立弹簧。$p\text{-}y$ 曲线计算公式如下：

$$p = Ap_{\mathrm{u}} \tanh\left(\frac{kz}{Ap_{\mathrm{u}}}y\right) \tag{1.1}$$

式中：p 为侧阻力，MN/m；A 为加载条件因子；p_{u} 为极限侧阻力，MN/m；k 为地基反应的初始模量，MN/m³，其值取决于摩擦角；z 为泥面以下的深度，m；y 为水平挠度，m。

通过式（1.1）即可得到单桩基础的水平荷载－位移曲线。

1.3 创新型基础设计的合理性与必要性

传统使用的单桩基础适用于浅海区域，其直径随着建造水深的上升迅速增加，由此带来高昂的建造及施工成本使其无法适用于深海环境。因此，依据具有稳定平台的嵌固式挡土墙原理，人们设计了一种新型复合式桩－盘基础[41]。如图 1.4 所示，复合式桩－盘基础由嵌入桩和重力式圆盘基础组成，即单桩基础与重力盘基础，其中重力盘基础安装在桩周海床，其中间开孔并与单桩基础紧密相连，从而为桩头提供额外转动约束。这种新型复合式桩－盘基础大大提高了传统单桩基础的承载能力，可以进一步抵抗更加复杂的海洋环境荷载。同时，在一定桩长下，这种新型复合式桩－盘基础可以有效减小桩径，因此在降低成本方面具有很大潜力[42]。与传统单桩基础相比，复合式桩－盘基础表现出更高的承载效率，在相近的竖向荷载作用下，可以提供两倍的水平承载力[43, 44]。水平承载能力是海上风机基础支撑结构设计的关键影响因素。因此，采用创新基础形式的方法有利于扩展海上风机基础的应用前景，而不是继续增加传统基础形式的尺寸。复合式桩－盘基础可以从现有的船厂和设施中进行制造和安装，并使用原始的运输和安装设备，这有利于降低初始成本和实现创新概念。

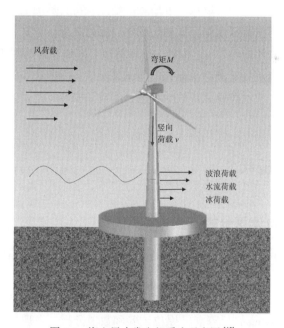

图 1.4　海上风力发电机受力示意图[45]

复合式桩－盘基础的设计目的是为了更好地适应新一代海上风机的建造要求，该创新基础形式同时具有传统单桩基础和重力式基础的特点，因此在复合式桩－盘基础的工程应用中可以采用现有的制造、运输和安装方法。用于海上风机支撑结构的单桩基础通常采用直径 3 ~ 4m、长度 20 ~ 35m 的管桩[46]。桩体在岸上建造，并通过驳船运输到离岸安装场地。在通常情况下，超大直径单桩基础通过封顶和密封端部的方式漂浮到现场。桩体通过钻孔注浆、打桩以及钻孔与打入相结合的方式进行安装[47]。自升式平台在单桩基础安装过程中提供了一个相当稳定的支撑结构，同时，带有旋转起重机的安装船是进行施工的最优选择[48]。同样地，传统重力式基础在岸上建造，由重型起重船运至近海场地。在安装过程中，重力式基础上方将覆满压载，用作定位系统并保持稳定[49]。重力式基础在长期荷载较高、环境荷载相对较低的情况下具有相当的成本效益。对于较大容量且建造在水深较深位置的海上风机结构，传统海上风机基础形式显露出其局限性。单桩基础的直径可能高达 10 ~ 20m，而重力式基础的重量也可能会达到2000t[50]。在这种形势下，传统基础形式的材料成本大幅增加。同时，基础制造、运输和安装都需要大量的设备，包括自升式驳船、船舶租赁和钻井设备等。随着传统基础尺寸的极大提升，同样会产生高昂的设备租赁成本。

在工程设计中，需要对复合式桩 – 盘基础的安装进行全面研究。复合式桩 – 盘基础不仅是一种新型的海上风机支撑结构，也是一种对传统单桩基础的加固方式，目的是为延长其使用寿命。在这种情况下，可以将重力盘安装在桩周海床，并与现有的单桩基础或新安装的单桩基础进行组合，以更好地维持海上风机结构的稳定性[51]。相关研究建议，对于复合式桩 – 盘基础的安装，可以先安装重力盘，以将其作为单桩基础安装的定位器[52]，但该流程在工程应用前还需进一步研究。除实心重力盘外，本书还研究了碎石重力盘的可行性[44]。碎石重力盘由一个充满砾石的约束框架组成。在安装过程中，先将约束框架安装在桩体周围，然后填充碎石。充填材料不限于碎石材料，它们可以从附近的近海地点获得，从陆上场地运输，并从适当的建筑垃圾中收集。通过该方法有望大幅降低初始成本。除此之外，单桩与重力盘的连接方式是实际安装过程中需要特别关注的问题，这将极大地影响复合式桩 – 盘基础的承载响应特性。目前，复合式桩 – 盘基础的研究仍处于概念论证和模型试验阶段，因此在实际应用前需要进行充分的研究。在今后的研究中，应继续验证基础的制造、运输和安装工艺，为复合式桩 – 盘基础的分析和设计提供参考依据。

1.4 国内外研究现状

1.4.1 水平承载能力计算分析方法

复合式桩 – 盘基础可以视为对传统单桩基础的一种改进方式。学者们分别通过 –1g 室内试验[53, 54]、离心机试验[55, 56]和数值模拟[57, 58]对复合式桩 – 盘基础的水平承载特性进行了广泛的研究。结果表明，复合式桩 – 盘基础的侧向刚度和水平承载能力相较于传统单桩基础和重力式基础有明显的提升。Trojnar[59]开展了原位试验和数值分析，发现复合式桩 – 盘基础中单桩的侧向刚度提高了40% ~ 70%。由于受到重力盘自重的作用，盘下土体将产生致密化效应，从而提升了桩周土体所能产生的水平土压力[45, 58]。同时，由于单桩基础的抗拉性能，在水平承载过程中重力盘与下覆土层间的相互作用程度大大增加，从而优化了重力盘基础的水平承载特性[60]。因此，复合式桩 – 盘基础具有稳定性好、安全性高、承载效率高等突出优点[61-64]。复合式桩 – 盘基础中土结相互作用（SSI）比较复杂。Wang et al.[65]和 Trojnar[59]分别通过离心机试验和数值分析对复合式桩－盘基础的破坏机理进行分析，发现倾覆破坏形式在其水平承载过程中占主导地位，同时会产生轻微滑动。复合式桩－盘基础中桩前以及盘前区域形成土体楔形响应区，且两者均与单桩基础中土体破坏模式类似。Wang et al. [66]通过一系列离心机试验进行参数化研究，发现重力盘直径是影响复合式桩－盘基础承载性能的关键因素。重力盘厚度的增加抑制了被动土压力区域土体楔形破坏的发展。重力盘的作用类似于承台或桩帽[67-70]，可以大大提升单桩基础的旋转刚度。Arshi et al. [71, 72]发现竖向荷载对重力盘与下覆土层之间的初始接触应力有显著作用，该初始接触应力同样会影响复合式桩－盘基础的水平承载响应特性。

复合式桩－盘基础中重力盘可以为单桩提供额外的抗弯刚度，从而明显降低传递到桩身的弯矩。已有相关方法评估了复合式桩－盘基础中桩身弯矩的下降[73, 74]，但并未充分考虑桩身刚度的变化。上述方法中将土体单元简化为若干个弹性支撑，因此计算分析中未考虑土体变形的影响。这些分析模型建立了复合式桩－盘基础水平承载能力的计算方法，即通过将重力盘简化为一个作用于单桩的等效恢复弯矩来修正传统单桩基础水平承载性能计算模型，从而获得复合式桩－盘基础整体承载能力[57]。然而，这些方法并没有全面考虑土结相互作用的影响机理，因此仅给出了水平承载力的粗略估计，而没有评估单桩与重力盘间的荷载传递特性。同时，重力盘的作用不仅限于为单桩提供恢复弯矩，重力盘与下覆土层之间产生的摩擦力同样会提升复合式桩－盘基础的整体承载能力。因此，有必要全面地分析复合式桩－盘基础中的土结相互作用，从而得到更为准确的复合式桩－盘基础水平承载性能计算评估方法。

1.4.2 水平－竖向联合承载特性与组件连接方式影响

单桩基础的水平承载响应受到竖向荷载的显著影响。水平荷载与竖向荷载联合作用会改变土体应力状态和局部塑性体积的变化[75]。相关研究团队分别开展了室内试验[76, 77]、现场试验[78, 79]和数值分析[80, 81]，结果表明，竖向荷载会明显降低结构产生的水平挠度。竖向荷载对单桩基础水平承载特性的增强效果可以归结为桩前水平土压力的提升和沿桩长方向发展的附加摩阻力[82]。竖向荷载会使桩周土体产生致密化效应，从而提高桩周土体围压，导致桩侧阻力增大[83]。与之不同的是，另外一些学者通过开展室内试验[75, 84]、现场试验[85]和数值分析[80, 86]发现，竖向荷载会引起附加桩身弯矩，从而增大单桩基础水平挠度，不利于单桩基础水平承载特性的发挥。此外，当竖向荷载的大小达到临界值时，单桩基础可能因屈曲而失效[87, 88]。目前，对于复合式桩－盘基础在水平-竖直荷载联合作用下的承载响应尚未有深入研究。El-Marassi [89]通过离心机试验和数值模拟研究复合加载条件下复合式桩－盘基础的承载性能，发现在承受约50%竖向极限承载值的竖向荷载时，对基础整体水平承载性能的提升效果最为明显。

Arshi et al. [90]认为，如果允许单桩与重力盘交界面产生竖向位移，将更有利于复合式桩－盘基础水平承载性能的发挥。Stone et al. [91]综合考虑重力盘的直径和厚度的影响，进一步研究了耦合（coupled）和解耦（decoupled）两种桩-盘连接方式，分别代表桩-盘之间固定连接和光滑连接的情况。耦合构型中，复合式桩－盘基础在泥面处的土体阻力和弯矩抵抗能力均有所增强，从而增大了基础整体的水平承载能力。然而，对于解耦构型中基础整体水平承载能力的改善效果，本质上取决于重力盘与下覆土层之间的相互作用。因此，需通过土结相互作用系统性研究单桩与重力盘间的连接方式对整体水平承载性能的影响。

1.4.3 循环荷载承载响应特性

在正常运行条件下，海上风机将始终承受着由风、浪、流等引起的较大水平荷载和倾覆弯矩，这些荷载和力矩具有循环特性[92]。风荷载通常施加在轮毂高度处，而波浪和水流荷载则施加在较低的高度，其加载点受近海环境条件的影响[93]。在水平循环荷载作用下，海上风机基础结构会产生累积变形和旋转，当接近甚至超过正常使用极限状态时，将威胁到海上风机结构的稳定性。此外，海上风机结构的循环累积变形可能会影响基础周围土体的刚度，进而影响整体稳定性。因此，在运行条件下对海上风机结构循环累积位移的评估是工程设计的一个重要方面。

虽然目前没有相关研究对复合式桩－盘基础的循环承载特性进行全面分析，但对于传统单桩基础的水平循环承载特性的研究较为成熟。单桩基础的水平循环承载特性取决于土体性质、安装方式以及外荷载特性（如循环次数、加载方向和荷载幅值）[94]。水平循环受荷桩的分析通常基于 Winkler 方法进行推导，同时需要计算水平静荷载作用下的桩－土相互作用[95]。研究发现，循环荷载对单桩基础的承载影响相当于弱化桩在每个荷载循环中的静力承载响应。为了描述这一过程，引入了一个土反力折减系数，并借助静力分析方法对循环受力问题进行了承载特性分析[94, 96-98]。基于退化的静力水平受荷桩的 p-y 曲线，发展出一种半经验非线性 p-y 方法来估计单桩基础的循环响应特性，并基于一系列足尺试验总结了所述折减系数的变化规律[99]。所述方法在 DNV 设计规范提出的海上风机基础设计标准中得到了应用[100]。然而，该循环 p-y 曲线方法中并没有考虑荷载幅值和循环次数的影响。在之后的研究中，Long et al.[94] 对承受水平荷载的单桩基础进行了较为系统的研究，开展了 34 个原位试验。结果表明，循环次数、荷载特性、土体密度和安装方式是水平受荷桩循环承载特性的关键影响因素。在此基础上，提出两种设计方法：第一种方法基于弹性地基梁法，通过循环荷载试验得到土体反应模量随循环次数的变化规律；第二种方法则基于静态非线性 p-y 曲线。此外，为了研究单桩基础的循环响应特性，相关学者进行了一系列的室内试验[101, 102]，进而提出了一种预测循环荷载作用下刚性桩刚度和旋转角度变化的无量纲分析方法。Rosquoet et al.[96] 考虑上述所有影响因素，采用离心机模型试验对水平循环受荷桩进行承载分析，并提出了预测方法用于计算桩顶水平位移的经验解。Achmus et al.[103] 采用三维有限元方法建立数值模型，基于循环三轴试验计算得到单桩基础的循环累积变形。

1.4.4 动力承载响应特性

我国地处环太平洋地震带与欧亚地震带之间，受到太平洋板块、印度洋板块和菲律宾海板块的挤压作用，地震断裂带十分活跃。在土壤沉积物饱和的近海地区，强烈的震动可能导致土体液化。砂土的液化机理如图 1.5 所示，在饱和砂土地基中，当土体孔隙水压力在地震力的作用下提升至土体竖向应力时，饱和砂土就会发生液化现象，此时土体有效应力为 0，剪切强度的降低导致土体承载力下降，这是造成海上构筑物震害破坏的主要原因之一。一直以来，场地液化是土动力学和岩土地震工程的重要研究课题之一。一些海上风力发电场建在地震活跃地区，为了保证海上风机在正常工作状态下的稳定性，有必要开展相关的地震响应研究，揭示地震条件下海上风机复合式桩－盘基础的动力响应规律。

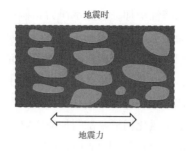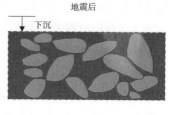

地震前　　　　　　　　　　地震时　　　　　　　　　　地震后

下沉

地震力

图 1.5　砂土液化演化图

关于液化场地中地基的液化机理及海上风机基础的动力响应，国内学者通过相关研究积累下了丰富经验。1991 年，刘惠珊等[104]开展了液化场地下桩－土振动台试验，探讨了单桩基础和群桩基础在液化土体中的破坏机制，观察到桩基的失效主要是桩尖周围可液化土体发生液化及持力层土体被侧向挤出引起的，并认为将桩尖深入到非液化土层是解决此问题的关键因素。2006 年，Zhang et al.[105]基于冰层引起的 0.8 ～ 1Hz 振动频率开展关于桶形基础的离心机试验。结果表明，孔隙水压力、沉降和侧向位移均随着循环荷载的增加而增大，并发现了早期动力激励下的液化破坏和长期动力激励后的沉降破坏两种破坏模式。2008 年，刘晶波等[106]对叠环式模型箱的边界效应进行研究，发现叠环式模型箱可以较好地消除边界效应，进而模拟地震中自由场的真实动力响应。2009 年，刘晶波等[107]进行了自由场模型离心机振动台试验，进一步证实了叠环式模型箱的动力响应特性，为后续相关的振动台试验奠定了基础。2008 年，李培振等[108]通过自由场模型的振动台试验研究再现了地震作用下土体的液化现象，得出以下结论：砂土地基会过滤掉高频振动而保留低频振动；震动结束后土中孔隙水压力在短期内可能继续增长而不是立即消散；孔隙水压力峰值滞后于地震加速度峰值；在首次达到加速度峰值阶段，土体中会出现负孔压比并与峰值加速度的大小成正比。2011 年，李京爽等[109]通过离心机振动台试验研究了砂土自由场地基在不同地震动方向下的动力响应，试验结果表明，在水平、垂直激励分开加载和同时加载的情况下地基土体出现不同的动力响应，不同方向地震动的耦合作用应该给予考虑。2015 年，朱斌等[110]开展了海上风机吸力桶基础在静力和循环荷载条件下的 1g 模型试验，提出了基于变形控制的吸力桶基础承载力解析模型，对于在循环荷载作用下的累积位移和刚度变化给出了拟合表达式。2015 年，王爱霞等[111]对饱和地基桶形基础模型进行了离心机试验，试验中使用弹簧和偏心轮设备施加循环荷载，通过控制气缸施加静推力，得出了在水平加载过程中基础、地基的变形和受力特征以及基础周围地基中土体孔隙水压力的变化规律，当施加的静推力和循环荷载的幅值之和超过了临塑荷载时，会造成桶形基础和地基的脱开以及桶形基础与地基之间吸力的消失，进而导致基础发生破坏。2019 年，吴小锋等[112]利用自主设计研发的水平荷载加载装置进行离心机振动台试验，对考虑水平荷载与地震荷载联合作用工况下单桩基础的动力响应进行研究，对比了震前、震后的桩身弯矩和桩顶水平位移的差异，发现联合工况下的耦合效应会增大单桩基础的动力响应。因此，在风机基础设计中应考虑这种联合工况下的耦合作用。2020 年，吴小锋等[113]研究了干砂地基和饱和砂土地基中海上风机单桩基础桩周土体的地震响应，指出饱和砂土地基的自振频率受地震历史效应影响较为明显，而干砂地基的自振频率则几乎不受影响。剧烈的桩－土相互运动会导致桩周孔隙水压力的加速发展；受地

9

震历史效应影响，桩周土体剪胀特性增加，孔隙水压力累积速度放缓，而消散速度加快，加速度放大系数随地震序列的增加而增大。2020 年，刘润等[114]通过离心机振动台试验对饱和砂土地基中新型桶形基础在地震作用下的动力响应规律开展了研究。结果表明，土体在没有液化之前对地震加速度存在放大效应，而液化后的土体加速度相对于输入地震加速度存在衰减现象；桶形基础对下方砂土超静孔压比的累积存在抑制作用，可以提升地基土体的抗液化能力；基于超静孔压比提出了一种判别方法来量化桶形基础附加应力对砂土抗液化能力的提升。2021 年，Zhang et al.[115]对一种新型的沉箱 - 桩复合基础（CCPF）进行了一系列离心机振动台试验，探究了其震动响应。对比 2×2 和 3×3 群桩基础排列方式在不同土体条件下的动力响应。结果表明，层状土桩顶峰值弯矩大于均质土桩顶峰值弯矩；3×3 群桩基础相比于 2×2 群桩基础，模型上部结构水平位移引起的水平加速度和动力振动更低，上部结构加速度的放大效果降低；随着桩数的增加，弯矩到达最大值的时间更滞后；地基土质和基础结构配置对此新型基础的地震响应均有重要影响。

国外在土体动力本构模型开发和不同场地海上风机动力响应方面的研究起步较早，近年来的研究成果也越来越丰富。早在 1999 年，Zeghal et al.[116]基于离心机振动台试验对饱和砂土的液化响应进行了研究，分析了土体的侧向变形、强度和刚度的衰减以及液化后的土体致密化作用和硬度恢复三种机制。2015 年，Yu et al.[117]进行了重力式基础和单桩基础的离心机振动台试验，对比了干燥条件和饱和条件下试验结果的差异，总结了每种基础形式的优势和局限性，发现土结相互作用（SSI）在海上风机的地震行为中起着重要作用，同时进行了补充测试，证明了石柱、致密化和胶结技术等手段在减小地震作用下基础沉降方面的有效性。2017 年和 2020 年，Wang et al.[118-120]采用离心机试验研究了土体的固结程度对桶形基础水平承载力的影响。试验结果表明，土体的固结程度对桶形基础的水平承载力影响显著，重度超固结土体中桶形基础的水平承载力明显大于轻度超固结土体中桶形基础的水平承载力。2017 年，进行了一系列离心模型试验，研究了地震荷载作用下吸力桶形基础的地震响应。结果表明，饱和砂土地基中桶型基础周围土体具有较好的抗液化能力，且宽高比对土体有效土压力有一定的影响；2018 年，进一步分析了复合式桩 – 盘基础的地震反应。2018 年，Lee et al.[121]通过 1g 室内试验，研究了软黏土地基中桶形基础在单向循环水平荷载作用下的累积转角和卸载刚度。试验结果表明，铲斗基础的累积旋转随着荷载循环次数和水平荷载大小的增加而增加；铲斗基础的卸载刚度随循环次数和嵌入比的增加而增加，而随循环水平荷载量的增加而降低。基于模型测试结果，提出了经验方程，以评估软土中单向循环水平荷载下桶型基础的累积旋转和卸载刚度。2018 年，Risi et al.[122]评估了海上风机在强震作用下结构的承载能力，分析了地震类型、土质和建模细节的影响。研究发现，单桩基础支撑形式的海上风力发电机组尤其容易受到极端地壳和界面地震的影响，而当结构由软土支撑时，这种脆弱性会增加；为避免高估海上风机的抗震能力，通常需要提高结构建模的精度。2020 年，Ueda et al.[123]通过离心机模型试验和有限元分析程序建立二维数值模型分析结果的对比，研究了 0.25g 峰值加速度地震作用下海上风机桶形基础的抗震性能，同时验证了数值模型的合理性。2020 年，Esfeh et al.[124]研究了地基液化对沉箱基础和单桩基础承载性能的影响，考虑了桩 – 土完全黏结的接触方式，使用 FLAC 3D 软件计算出了土体中超静孔隙水压力和剪切应力应变的动态响应，并分析了桩体的位移和转动响应特性。结果表明，桩基内部土体产生的孔隙水压力低于桩体外部；液化会导致基础产生永久旋转，随着桩径和桩长的增加，桩体的旋转角度逐渐减小；同时，采用非液化砂土替代桩周液化砂土可以减小桩身转角和沉降，且不对称荷载会加大桩身旋转并影响结构的功能和稳定性。2021 年，Patra et al. [125] 基于 OpenSees 建立了二维土 – 桩 – 风机相互作用模型，研究了可液化砂土地基中单桩支撑的海上风机结构在运行荷载和地震荷载共同作用下的地震响应，考虑地震烈度、最大地震加速度持续时间和液化深度的影响，发现土体的液化深度主要取决于地震烈度和最大地震加速度的持续时间；单桩基础的桩身弯矩和转角取决于输入地震动的平均周期；停放状态下海上风机结构的最大弯矩、最大转动等动力响应特性在地震、风、波浪荷载共同作用下显著高于运行状态下地震、风、波浪荷载共同作用下的动力响应；单桩基础的直径和厚度对减小泥线处水平单桩最大转角的影响很小；随着液化深度的增加，海上风机系统的基频显著降低；在地震荷载作用下，增加单桩基础埋深长度比增大单桩基础的直径和厚度更为有利。2021 年，Xu et al. [126] 以 Stringer et al. [127] 进行的 2×2 群桩基础的离心机振动台试验为基础，采用全耦合动态有效应力有限元分析软件 UWLC 作为计算工具，研究了饱和砂土中输入运动频率含量及水平和垂直分量幅值对群桩基础沉降的影响，采用改进的广义塑性模型来表征不同密度的砂土的动力特性，分析了土体渗透性对桩 – 土体系地震响应的影响。结果表明，在其他条件相同的情况下，相对较远的地震引起的砂土液化比邻近地震更严重；此外，竖向地震动会显著增加群桩基础的沉降，其应在工程设计中予以考虑。同时，提出了一种基于荷载传递法的简化实用方法来量化高承台群桩基础的沉降值。

参考文献

［1］ 樊东黎 . 世界能源现状和未来 [J]. 金属热处理，2011，36（10）：13.

［2］ 王蕾，裴庆冰 . 能源技术视角下的能源安全问题探讨 [J]. 中国能源，2019，41（10）：38-43.

［3］ 陆雨林 . 决策者如何应对全球能源系统严重失衡 [N]. 中国石化报，2019-11-29（8）.

［4］ Kreps B H. The Rising Costs of Fossil‐Fuel Extraction：An Energy Crisis That Will Not Go Away[J]. American Journal of Economics and Sociology，2020，79（3）：695-717.

［5］ Sivagami P，Swaroopan N M J. Smart methodology for performance improvement of energy sources for home application[J]. Microprocessors and Microsystems，2020，74：103042.

［6］ 陆雨林 . 可再生能源 有望作为解决方案，但还远远不够 [N]. 中国石化报，2019-11-29（8）.

［7］ 国际能源署 . "2020 世界能源展望"四大看点 [J]. 中外能源，2021，26（2）：98.

［8］ Jin J，Zhou P，Li C，et al. Low-carbon power dispatch with wind power based on carbon trading mechanism[J]. Energy，2019，170：250-260.

［9］ 王月普 . 风力发电现状与发展趋势分析 [J]. 电力设备管理，2020（11）：21-22.

［10］ Browning M S，Lenox C S. Contribution of offshore wind to the power grid：US air quality implications[J]. Applied Energy，2020，276：115474.

［11］ Li J，Yu X B. Onshore and offshore wind energy potential assessment near Lake Erie shoreline：A spatial and temporal analysis[J]. Energy，2018，147：1092-1107.

［12］张彦涛. 解决世界能源资源问题的新探索 [N]. 国家电网报，2013-05-01（8）.

［13］Chen W，Jiang Y，Xu L，et al. Seismic response of hybrid pile-bucket foundation supported offshore wind turbines located in liquefiable soils[J]. Ocean Engineering，2023，269：113519.

［14］Musial W，Spitsen P，Duffy P，et al. Offshore Wind Market Report：2022 Edition[R]. National Renewable Energy Lab.（NREL），Golden，CO（United States），2022.

［15］Kim D J，Choo Y W，Kim J H，et al. Investigation of monotonic and cyclic behavior of tripod suction bucket foundations for offshore wind towers using centrifuge modeling[J]. Journal of Geotechnical and Geoenvironmental Engineering，2014，140（5）：04014008.

［16］Wang L Z，Wang H，Zhu B，et al. Comparison of monotonic and cyclic lateral response between monopod and tripod bucket foundations in medium dense sand[J]. Ocean Engineering，2018，155：88-105.

［17］Hübler C，Piel J H，Stetter C，et al. Influence of structural design variations on economic viability of offshore wind turbines：An interdisciplinary analysis[J]. Renewable Energy，2020，145：1348-1360.

［18］Kozmar H，Hadžić N，Ćatipović I，et al. Wind load assessment in marine and offshore engineering standards[J]. Ocean Engineering，2022，252：110872.

［19］Houlsby G T，Byrne B W. Suction caisson foundations for offshore wind turbines and anemometer masts[J]. Wind Engineering，2000，24（4）：249-255.

［20］Wang X，Zeng X，Li J，et al. A review on recent advancements of substructures for offshore wind turbines[J]. Energy Conversion and Management，2018，158：103-119.

［21］Mao D，Zhong C，Zhang L，et al. Dynamic response of offshore jacket platform including foundation degradation under cyclic loadings[J]. Ocean Engineering，2015，100：35-45.

［22］Rr2a-Wsd A. American petroleum institute recommended practice for planning，designing，and constructing fixed offshore platforms—working stress design [J]. American Petroleum Institute，Washington，2007，178.

［23］Ryndzionek R，Sienkiewicz Ł. Evolution of the HVDC link connecting offshore wind farms to onshore power systems[J]. Energies，2020，13（8）：1914.

［24］Koh J H，Ng E Y K. Downwind offshore wind turbines：Opportunities，trends and technical challenges[J]. Renewable and Sustainable Energy Reviews，2016，54：797-808.

［25］Sun X，Huang D，Wu G. The current state of offshore wind energy technology development[J]. Energy，2012，41（1）：298-312.

［26］WindEurope. Offshore Wind in Europe–key trends and statistics 2020[J]. Wind Europe，Brussels，2021.

［27］Kaiser M J，Snyder B. Offshore wind energy installation and decommissioning cost estimation in the US outer continental shelf[J]. US Dept. of the Interior，Bureau of Ocean Energy Management，Regulation and Enforcement，Herndon，VA TA&R，2010，648.

［28］ Zhixin W, Chuanwen J, Qian A, et al. The key technology of offshore wind farm and its new development in China[J]. Renewable and Sustainable Energy Reviews, 2009, 13（1）: 216-222.

［29］ Pérez-Collazo C, Greaves D, Iglesias G. A review of combined wave and offshore wind energy[J]. Renewable and Sustainable Energy Reviews, 2015, 42: 141-153.

［30］ Vølund P. Concrete is the future for offshore foundations[J]. Wind Engineering, 2005, 29（6）: 531-563.

［31］ Xiao Z, Fu D, Zhou Z, et al. Effects of strain softening on the penetration resistance of offshore bucket foundation in nonhomogeneous clay[J]. Ocean Engineering, 2019, 193: 106594.

［32］ Fu D, Gaudin C, Tian Y, et al. Uniaxial capacities of skirted circular foundations in clay[J]. Journal of Geotechnical and Geoenvironmental Engineering, 2017, 143（7）: 04017022.

［33］ Fu D, Zhang Y, Yan Y, et al. Effects of tension gap on the holding capacity of suction anchors[J]. Marine Structures, 2020, 69: 102679.

［34］ Sun L, Qi Y, Feng X, et al. Tensile capacity of offshore bucket foundations in clay[J]. Ocean Engineering, 2020, 197: 106893.

［35］ Zhang P, Guo Y, Liu Y, et al. Experimental study on installation of hybrid bucket foundations for offshore wind turbines in silty clay[J]. Ocean Engineering, 2016, 114: 87-100.

［36］ Zhang P, Han Y, Ding H, et al. Field experiments on wet tows of an integrated transportation and installation vessel with two bucket foundations for offshore wind turbines[J]. Ocean Engineering, 2015, 108: 769-777.

［37］ Zhen Guo, Li-zhong W, Ling-ling L I. Recent advances in research of new deepwater anchor foundationsg[J]. Rock and Soil Mechanics, 2011, 32（S2）: 469-477.

［38］ Mattar C, Cabello-Españon F, Alonso-de-Linaje N G. Towards a future scenario for offshore wind energy in Chile: breaking the paradigm[J]. Sustainability, 2021, 13（13）: 7013.

［39］ Trojnar K. Simplified design of new hybrid monopile foundations for offshore wind turbines[J]. Ocean Engineering, 2021, 219: 108046.

［40］ DNV G. Support structures for wind turbines [J]. Offshore Standard DNVGL-ST-126, 2016.

［41］ Powrie W, Daly M P. Centrifuge modelling of embedded retaining walls with stabilising bases[J]. Geotechnique, 2007, 57（6）: 485-497.

［42］ Wang Y, Zou X, Hu J. Bearing capacity of single pile-friction wheel composite foundation on sand-over-clay deposit under VHM combined loadings[J]. Applied Sciences, 2021, 11（20）: 9446.

［43］ Chen W Y, Wang Z H, Chen G X, et al. Effect of vertical seismic motion on the dynamic response and instantaneous liquefaction in a two-layer porous seabed[J]. Computers and Geotechnics, 2018, 99: 165-176.

[44] Yang X, Zeng X, Wang X, et al. Performance of monopile-friction wheel foundations under lateral loading for offshore wind turbines[J]. Applied Ocean Research, 2018, 78: 14-24.

[45] Wang X, Zeng X, Yang X, et al. Feasibility study of offshore wind turbines with hybrid monopile foundation based on centrifuge modeling[J]. Applied Energy, 2018, 209: 127-139.

[46] Bransby M F, Randolph M F. Combined loading of skirted foundations[J]. Géotechnique, 1998, 48 (5): 637-655.

[47] Houlsby G T, Kelly R B, Huxtable J, et al. Field trials of suction caissons in sand for offshore wind turbine foundations[J]. Géotechnique, 2006, 56 (1): 3-10.

[48] Malhotra S. Selection, design and construction of offshore wind turbine foundations[M]. In: Al-Bahadly I, editor. Wind Turbines. InTech, 2011.

[49] Peire K, Nonneman H, Bosschem E. Gravity base foundations for the thornton bank offshore wind farm[J]. Terra et Aqua, 2009, 115 (115): 19-29.

[50] Wang X, Zeng X, Li X, et al. Investigation on offshore wind turbine with an innovative hybrid monopile foundation: An experimental based study[J]. Renewable Energy, 2019, 132: 129-141.

[51] Stone K, Newson T, Sandon J. An Investigation Of The Performance Of A 'Hybrid' Monopile-Footing Foundation For Offshore Structures[C]. Offshore Site Investigation and Geotechnics: Confronting New Challenges and Sharing Knowledge. OnePetro, 2007.

[52] Anastasopoulos I, Theofilou M. Hybrid foundation for offshore wind turbines: Environmental and seismic loading[J]. Soil Dynamics and Earthquake Engineering, 2016, 80: 192-209.

[53] Trojnar K. Multi scale studies of the new hybrid foundations for offshore wind turbines[J]. Ocean Engineering, 2019, 192: 106506.

[54] Wang Y, Zou X, Zhou M, et al. Failure mechanism and lateral bearing capacity of monopile-friction wheel hybrid foundations in soft-over-stiff soil deposit[J]. Marine Georesources & Geotechnology, 2021: 1-19.

[55] Stone K J L, Newson T A, El Marassi M, et al. An investigation of the use of a bearing plate to enhance the lateral capacity of monopile foundations[J]. Frontiers in Offshore Geotechnics II, 2010: 641-646.

[56] Li L, Liu X, Liu H, et al. Experimental and numerical study on the static lateral performance of monopile and hybrid pile foundation[J]. Ocean Engineering, 2022, 255: 111461.

[57] Arshi H S, Stone K J L, Vaziri M, et al. Modelling of monopile-footing foundation system for offshore structures[C]. In: Proceedings 18th international conference on soil mechanics and geotechnical engineering, Paris, France, 2013.

[58] Yang X, Zeng X, Wang X, et al. Performance and bearing behavior of monopile-friction wheel foundations under lateral-moment loading for offshore wind turbines[J]. Ocean

Engineering, 2019, 184: 159-172.

［59］Trojnar K. Lateral stiffness of hybrid foundations: Field investigations and 3D FEM analysis[J]. Géotechnique, 2013, 63（5）: 355-367.

［60］Lehane B M, Pedram B, Doherty J A, et al. Improved performance of monopiles when combined with footings for tower foundations in sand[J]. Journal of Geotechnical and Geoenvironmental Engineering, 2014, 140（7）: 04014027.

［61］Abdelkader A M R. Investigation of Hybrid Foundation System for Offshore Wind Turbine[D]. The University of Western Ontario, London, ON, Canada, November 2015.

［62］Mahiyar H, Patel A N. Analysis of angle shaped footing under eccentric loading[J]. Journal of Geotechnical and Geoenvironmental Engineering, 2000, 126（12）: 1151-1156.

［63］Maharaj D K, Gandhi S R. Non-linear finite element analysis of piled-raft foundations[J]. Proceedings of the Institution of Civil Engineers-Geotechnical Engineering, 2004, 157（3）: 107-113.

［64］Pedram B. Behaviour of hybrid piled footing structures in sands[J]. Geotechnical and Geological Engineering, 2018, 36（4）: 2273-2292.

［65］Wang X, Zeng X, Li J, et al. Lateral bearing capacity of hybrid monopile-friction wheel foundation for offshore wind turbines by centrifuge modelling[J]. Ocean Engineering, 2018, 148: 182-192.

［66］Wang X, Li J. Parametric study of hybrid monopile foundation for offshore wind turbines in cohesionless soil[J]. Ocean Engineering, 2020, 218: 108172.

［67］Bransby M F, Yun G J. The undrained capacity of skirted strip foundations under combined loading[J]. Géotechnique, 2009, 59（2）: 115-125.

［68］Broms B B. Lateral resistance of piles in cohesionless soils[J]. Journal of the Soil Mechanics and Foundations Division, 1964, 90（3）: 123-156.

［69］Poulos H G. Behavior of laterally loaded piles: I-single piles[J]. Journal of the Soil Mechanics and Foundations Division, 1971, 97（5）: 711-731.

［70］Rollins K M, Sparks A. Lateral resistance of full-scale pile cap with gravel backfill[J]. Journal of Geotechnical and Geoenvironmental Engineering, 2002, 128（9）: 711-723.

［71］Arshi H S, Stone K J L. Lateral resistance of hybrid monopile-footing foundations in cohesionless soils for offshore wind turbines[C]. Offshore Site Investigation and Geotechnics: Integrated Technologies-Present and Future. OnePetro, 2012.

［72］Arshi H S, Stone K J L, Newson T A. Numerical modelling on the degree of rigidity at pile head for offshore monopile-footing foundation systems[C]. 9th British Geotechnical Association Annual Conference, London. 2011.

［73］Broms B B. Design of laterally loaded piles[J]. Journal of the Soil Mechanics and Foundations Division, 1965, 91（3）: 79-99.

［74］ Davisson M T, Gill H L. Laterally loaded piles in a layered soil system[J]. Journal of the Soil Mechanics and Foundations Division, 1963, 89（3）: 63-94.

［75］ Anagnostopoulos C, Georgiadis M. Interaction of axial and lateral pile responses[J]. Journal of Geotechnical Engineering, 1993, 119（4）: 793-798.

［76］ Sorochan E A, Bykov V I. Performance of groups of cast-in place piles subject to horizontal loading[J]. Soil Mechanics and Foundation Engineering, 1976, 13（3）: 157-161.

［77］ Jain N K, Ranjan G, Ramasamy G. Effect of vertical load on flexural behaviour of piles[J]. Geotechnical Engineering, 1987, 18（2）.

［78］ Karasev O V, Talanov G P, Benda S F. Investigation of the work of single situ-cast piles under different load combinations[J]. Soil Mechanics and Foundation Engineering, 1977, 14（3）: 173-177.

［79］ McAulty J F M N. Thrust loading on piles[J]. Journal of the Soil Mechanics and Foundations Division, 1956, 82（2）: 1-25.

［80］ Karthigeyan S, Ramakrishna V, Rajagopal K. Numerical investigation of the effect of vertical load on the lateral response of piles[J]. Journal of Geotechnical and Geoenvironmental Engineering, 2007, 133（5）: 512-521.

［81］ Achmus M, Thieken K. On the behavior of piles in non-cohesive soil under combined horizontal and vertical loading[J]. Acta Geotechnica, 2010, 5（3）: 199-210.

［82］ Karthigeyan S, Ramakrishna V, Rajagopal K. Influence of vertical load on the lateral response of piles in sand[J]. Computers and Geotechnics, 2006, 33（2）: 121-131.

［83］ Hussien M N, Tobita T, Iai S, et al. On the influence of vertical loads on the lateral response of pile foundation[J]. Computers and Geotechnics, 2014, 55: 392-403.

［84］ Huang F, Wang Y, Zhang J. Behavior of pile under combined axial and lateral loading[J]. Journal of Harbin Institute of Technology, 2003, 35（6）: 743-746.

［85］ Zhukov N V, Balov I L. Investigation of the effect of a vertical surcharge on horizontal displacements and resistance of pile columns to horizontal loads[J]. Soil Mechanics and Foundation Engineering, 1978, 15（1）: 16-22.

［86］ Sharour I. Analysis of the behavior of offshore piles under inclined loads[C]. In Proceedings of the International Conference on Deep Foundations, Stresa, Italy, 7–12 April 1991; pp. 227–284.

［87］ Meera R S, Shanker K, Basudhar P K. Flexural response of piles under liquefied soil conditions[J]. Geotechnical and Geological Engineering, 2007, 25: 409-422.

［88］ Zhang L, Gong X, Yang Z, et al. Elastoplastic solutions for single piles under combined vertical and lateral loads[J]. Journal of Central South University of Technology, 2011, 18（1）: 216-222.

［89］ El-Marassi M. Investigation of hybrid monopile-footing foundation systems subjected to combined loading[D]. The University of Western Ontario, ON, Canada, 2011.

［90］Arshi H S，Stone K J L. Improving the lateral resistance of offshore pile foundations for deep water application[C]. Proc.，3rd Int. Symp. on Frontiers in Offshore Geotechnics. London，UK：CRC Press. 2015.

［91］Stone K J L，Arshi H S，Zdravkovic L. Use of a bearing plate to enhance the lateral capacity of monopiles in sand[J]. Journal of Geotechnical and Geoenvironmental Engineering，2018，144（8）：04018051.

［92］Brown D A，Morrison C，Reese L C. Lateral load behavior of pile group in sand[J]. Journal of Geotechnical Engineering，1988，114（11）：1261-1276.

［93］Liu X，Lu C，Li G，et al. Effects of aerodynamic damping on the tower load of offshore horizontal axis wind turbines[J]. Applied Energy，2017，204：1101-1114.

［94］Long J H，Vanneste G. Effects of cyclic lateral loads on piles in sand[J]. Journal of Geotechnical Engineering，1994，120（1）：225-244.

［95］Matlock H，Reese L C. Generalized solutions for laterally loaded piles[J]. Journal of the Soil Mechanics and foundations Division，1960，86（5）：63-92.

［96］Rosquoet F，Thorel L，Garnier J，et al. Lateral cyclic loading of sand-installed piles[J]. Soils and Foundations，2007，47（5）：821-832.

［97］Alizadeh M. Lateral load tests on instrumented timber piles[M]. Performance of Deep Foundations. ASTM STP 444，American Society for Testing and Materials，379-394.

［98］Alizadeh M，Davisson M T. Lateral load tests on piles-Arkansas River project[J]. Journal of the Soil Mechanics and Foundations Division，1970，96（5）：1583-1604.

［99］Reese L C，Cox W R，Koop F D. Analysis of laterally loaded piles in sand[C]. Offshore Technology Conference. OnePetro，1974.

［100］Veritas D N. Design of Offshore Wind Turbine Structure[J]. Offshore Standard DNV-OS-J101，Baerum，Norway：Det Norske Veritas AS（DNV），2004.

［101］LeBlanc C，Houlsby G T，Byrne B W. Response of stiff piles in sand to long-term cyclic lateral loading[J]. Géotechnique，2010，60（2）：79-90.

［102］Qin H，Guo W D. An experimental study on cyclic loading of piles in sand[C]. Proc. 10th Australia New Zealand Conf. on Geomech. 2007.

［103］Achmus M，Kuo Y S，Abdel-Rahman K. Behavior of monopile foundations under cyclic lateral load[J]. Computers and Geotechnics，2009，36（5）：725-735.

［104］刘惠珊，陈克景．液化土中的桩基试验 [J]. 工程抗震与加固改造，1991（2）：19-23.

［105］Zhang J H，Zhang L M，Lu X B. Centrifuge modeling of suction bucket foundations for platforms under ice-sheet-induced cyclic lateral loadings[J]. Ocean Engineering，2007，34（8）：1069-1079.

［106］刘晶波，刘祥庆，王宗纲．离心机振动台试验叠环式模型箱边界效应 [J]. 北京工业大学学报，2008，34（9）：7.

［107］刘晶波，刘祥庆，王宗纲，等．砂土地基自由场离心机振动台模型试验 [J]. 清华大学学

报（自然科学版）网络 . 预览，2009，49（9）：34-37.

［108］李培振，任红梅，吕西林，等 . 液化地基自由场振动台模型试验研究 [J]. 地震工程与工程振动，2008，28（2）：8.

［109］李京爽，侯瑜京，徐泽平，等 . 砂土自由场地基水平垂直振动离心模拟试验 [J]. 岩土力学，2011，32（S2）：208-214.

［110］朱斌，祝周杰，应盼盼 . 近海风机吸力式桶形基础承载特性与变形分析方法 [C]. 中国力学学会，上海交通大学 . 中国力学大会 -2015 论文摘要集 . 2015：176.

［111］王爱霞，邢占清，张嘎，等 . 海上风机桶形基础黏土地基离心模型试验研究 [J]. 岩土工程学报，2015.

［112］吴小锋，朱斌，汪玉冰 . 水平环境荷载与地震动联合作用下的海上风机单桩基础动力响应模型试验 [J]. 岩土力学，2019（10）：8.

［113］吴小锋，汪玉冰，朱斌 . 地震序列作用下干砂与饱和砂地基动力响应离心模拟试验 [J]. 岩土力学，2020，41（10）：10.

［114］刘润，李成凤，练继建，等 . 桶形基础 – 砂土地基动力响应的离心振动台试验研究 [J]. 岩土工程学报，2020，42（5）：10.

［115］Zhang H，Liang F，Chen H. Seismic response of offshore composite caisson-piles foundation with different pile configurations and soil conditions in centrifuge tests[J]. Ocean Engineering，2021，221：108561.

［116］Zeghal M，Elgamal A W，Zeng X，et al. Mechanism of liquefaction response in sand–silt dynamic centrifuge tests[J]. Soil Dynamics and Earthquake Engineering，1999，18（1）：71-85.

［117］Yu H，Zeng X，Li B，et al. Centrifuge modeling of offshore wind foundations under earthquake loading[J]. Soil Dynamics and Earthquake Engineering，2015，77：402-415.

［118］Wang X，Yang X，Zeng X. Lateral capacity assessment of offshore wind suction bucket foundation in clay via centrifuge modelling[J]. Journal of Renewable and Sustainable Energy，2017，9（3）：033308.

［119］Wang X，Yang X，Zeng X. Seismic centrifuge modelling of suction bucket foundation for offshore wind turbine[J]. Renewable Energy，2017，114：1013-1022.

［120］Wang X，Zeng X，Li X，et al. Liquefaction characteristics of offshore wind turbine with hybrid monopile foundation via centrifuge modelling[J]. Renewable Energy，2020，145：2358-2372.

［121］Lee S H，Vicent S，Kim S R. An experimental investigation of the cyclic response of bucket foundations in soft clay under one-way cyclic horizontal loads[J]. Applied Ocean Research，2018，71：59-68.

［122］De Risi R，Bhattacharya S，Goda K. Seismic performance assessment of monopile-supported offshore wind turbines using unscaled natural earthquake records[J]. Soil Dynamics and Earthquake Engineering，2018，109：154-172.

［123］Ueda K，Uzuoka R，Iai S，et al. Centrifuge model tests and effective stress analyses of offshore wind turbine systems with a suction bucket foundation subject to seismic load[J]. Soils and Foundations，2020，60（6）：1546-1569.

［124］Esfeh P K，Kaynia A M. Earthquake response of monopiles and caissons for Offshore Wind Turbines founded in liquefiable soil[J]. Soil Dynamics and Earthquake Engineering，2020，136：106213.

［125］Patra S K，Haldar S .Seismic response of monopile supported offshore wind turbine in liquefiable soil[J].Structures，2021，31：248-265.

［126］Xu L Y，Song C X，Chen W Y，et al. Liquefaction-induced settlement of the pile group under vertical and horizontal ground motions[J]. Soil Dynamics and Earthquake Engineering，2021，144：106709.

［127］Stringer M E，Madabhushi S P G. Axial load transfer in liquefiable soils for free-standing piles[J]. Géotechnique，2013，63（5）：400-409.

第2章 离心机试验和离心机振动台试验

2.1 离心机试验

目前，由于高昂的成本及试验条件复杂等问题，针对海上风机基础开展原位测试试验难以实现。土工离心机试验是一种先进的测试方法，可以有效还原现场工况中土体的真实应力状态，该方法已广泛应用于岩土工程问题的研究[1-3]。土工离心机试验中通过将试验模型的重力加速度提高到$N_c g$（N_c 为相似性比例系数）来还原原型尺寸。表 2.1 列出了土工离心机中相关变量的相似性规律[4]。土工离心机试验可以为海上风机复合式桩 – 盘基础水平承载特性的研究提供高质量的试验数据。

表2.1   离心机试验中相关变量的相似性规律

变 量	模 型	原 型
长度（L）	1	N_c
位移（u）	1	N_c
应力（σ）	1	1
应变（ε）	1	1
密度（ρ）	1	1
弹性模量（E）	1	1
内摩擦角（φ）	1	1

本章中开展的离心机试验是在 20g-ton 土工离心机中进行的。离心臂有效半径为 1.37m，离心机试验最大加速度为 200g。试验中离心机最大加速度取为 50g，即模型与原型之间的相似性比例系数 $N_c=50$。为保证描述的统一性，在接下来的叙述中均基于原型尺度。值得注意的是，由于在离心机中沿径向和切向的加速度不完全相同，因此取桩长 2/3 处的加速度作为判定标准，以保证应力的相似性[5]。

2.1.1 试验模型

离心机试验模型设计依据为中国江苏某 3MW 海上风力发电机[6]。图 2.1 展示了离心机试验模型。试验模型由上部结构和基础系统组成，其中，上部结构包括塔头和塔柱。本节将塔头简化为具有一定尺寸的质量块，用以简化试验设计[7, 8]。在实际工程中，基础结构和塔柱之间采用高性能灌浆材料进行灌注连接，具有良好的连接刚性，因此可以将两者视为固定连接[9]。在离心机试验模型制作过程中，模型各部分采用 TIG 焊缝工艺进行连接，目的是为了与现场的海上风力发电机结构连接形式保持一致。虽然 TIG 焊缝的成本相对较高，但是其焊缝质量相对稳定，且焊接表面光滑，从而保证了试验模型结构的连接刚性与传力稳定性[10]。上述试验模型具有高度整体性，因此可以避免局部破坏的产生。重力盘中心挖孔直径与单桩直径保持一致，从而为两者提供可靠的连接，但并没有对两者进行固定焊接。

试验模型根据弯曲刚度等效原则进行尺寸设计，制作材料为铝合金，极限抗拉强度为124MPa，屈服强度为55.2MPa。铝合金模型桩已被广泛应用于土工离心机试验，用以研究海上风机基础的水平承载响应特性分析[11, 12]。离心机试验模型尺寸见表2.2。共测试了27个复合式桩–盘基础。参数研究包括盘径、盘厚、桩长等因素。图2.1（a）所示重力盘直径（D_w）分别为3m、4m、5m和7m；图2.1（b）所示重力盘厚度（t）分别为0.475m、0.95m和1.425m；图2.1（c）所示桩径（D_p）为1.1m，桩基埋深长度（L_e）分别为1.1m、3.3m和5.5m，桩基长径比（L_e/D_p）所处范围为1～5。在所有情况下，单桩和重力盘在受力过程中均为刚性响应。模型编号由四部分组成：第一部分代表基础类型，除复合式桩–盘基础外，本节还对传统单桩基础和重力盘基础进行了对比试验。第二、第三部分分别代表重力盘直径和重力盘厚度，分别用字母 D 和 t 表示。最后一部分则代表桩长。例如，"H-D3-2t-L1"表示盘径为3m，盘厚为0.95m，桩基埋深为1.1m（$L_e/D_p=1$）的复合式桩–盘基础。

表2.2　　　　　　　　　　　　　　　　　离心机试验模型尺寸

模型编号	基础类型	盘径 /m	盘厚 /m	埋深 /m
M-La	单桩基础			1.1a
W-Db-ct	重力盘基础	b	0.475c	
H-Db-ct-La	复合式桩 - 盘基础	b	0.475c	1.1a

（a）不同直径的重力盘　　　　　　　　　　　（b）不同厚度的重力盘

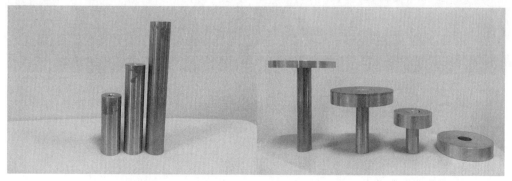

（c）不同长度的单桩　　　　　　　　　　　（d）复合式桩–盘基础

图2.1（一）　铝制离心机试验模型示意图

（e）海上风机模型组合图

图 2.1（二）　铝制离心机试验模型示意图

此外，还制作了另外 5 种基础形式的试验模型，包括单桩基础、单桩 – 钢制重力盘基础、单桩 – 碎石重力盘基础、钢制重力盘基础和碎石重力盘基础，如图 2.2 所示。试验模型的桩长为 7m，桩径 1.1m，质量为 8t；钢制重力盘直径为 7m，厚度为 1.5m，质量为 260t；碎石重力盘由直径为 7m、厚度为 1.5m 的框架制成，框架分为 7 部分，在间隙填满碎石，其总质量为87.5t。

单桩基础　　　单桩–钢制重力盘基础　　　单桩–碎石重力盘基础　　　钢制重力盘基础　　　碎石重力盘基础

图 2.2　钢制和碎石制试验模型示意图

2.1.2　试验土样

在 1g 重力加速度水平下，进行试验土样制备。在准备试验土样时，首先对试验土样进行烘干处理，然后在固定高度采用落砂法进行土样制备，制备过程中对土层进行轻度压实，从而保证土样的相对密度 D_r 保持一致[13, 14]。针对铝制试验模型，试验土样采取 silica 砂，将 silica 砂均匀铺设在内部尺寸为 26.6m × 12m × 8.9m 的刚性土箱中，其相对密度为 70%，平均粒径为 0.15mm，土粒比重为 2.683，有效重度为 5.7kN/m³，最大孔隙率和最小孔隙率分别为 0.88 和 0.61；针对钢制和碎石制试验模型，试验土样采取 Toyoura 砂，其平均粒径为 0.17mm，土粒比重为 2.65，最大孔隙率和最小孔隙率分别为 0.98 和 0.62[15]，根据相对密度将 Toyoura 砂分为松砂和密砂，松砂的相对密度和有效重度分别为 30% 和 8.6kN/m³，密砂的相对密度和重度分别为 68% 和 9.6kN/m³[16]。试验中将模型安装在刚性土箱中心，从而有效避免边界效应的干扰[13, 17]。离心机试验开始前，要仔细测量其相对密度，以确保试验条件的一致性[18]。随后，从刚性土箱底部灌入真空水，并至少保持真空状态 24 小时以使土体达到完全饱和状态。根据直剪试验结果，测得 silica 砂内摩擦角为 33.4°，而 Toyoura 砂的内摩擦角均为 31°[19]。试验土样信息列于表 2.3。本节假定在离心机加载过程中地基土体一直处于完全排水状态，因此使用有效应力状态进行分析，并且可以忽略泥面以上流动水对基础承载性能的影响[20]。为了保证试验结果的准确性，每次试验都采用相同的准备程序重新制备试验土样。

表2.3 试 验 土 样 属 性

模型材料	铝制	钢制和碎石制	
砂土类别	silica	Toyoura（松）	Toyoura（密）
相对密度 D_r/%	70	30	68
有效重度 γ'（kN/m³）	5.7	8.6	9.6
平均粒径 D_{50}/mm	0.15	0.17	
土粒比重 G_s	2.683	2.65	
最大孔隙率 e_{max}	0.88	0.98	
最小孔隙率 e_{min}	0.61	0.62	
内摩擦角/（°）	33.4	31	

2.1.3 试验步骤

试验中将模型在 1g 重力加速度条件下进行安装，使用静压操作将单桩基础压入到地基土体中，并保证其达到所设定的埋置深度。离心机试验中可以忽略压桩过程对桩周土体的干扰[21]。如图 2.3 所示，离心机试验装置由加载设备和数据采集系统组成。海上风机结构在海洋环境中将受到较大倾覆弯矩作用，因此在离心机试验中将水平荷载施加在塔柱上，其加载高度位于泥面以上 3m 处。所述加载方案已得到了多个研究团队的可行性验证，因此可以应用于海上风机基础水平承载特性的研究[19, 22, 23]。将位移传感器（LVDT）放置在与加载装置相同的高度，用以记录加载点处产生的水平位移。加载装置和 LVDT 通过一个特殊设计的连接环与试验模型连接，从而有效保证了离心机试验模型的加载稳定性。同时，沿桩身布置 4 个间距为 L_s 的土压力传感器，用于测量桩身土压力的分布。研究前通过离心机试验验证了土压力传感器元件对试验模型水平承载响应的影响可忽略不计。最后，通过上述装置对试验模型施加单调水平荷载，荷载大小在 200s 内从 0kN 线性增加到 1000kN。

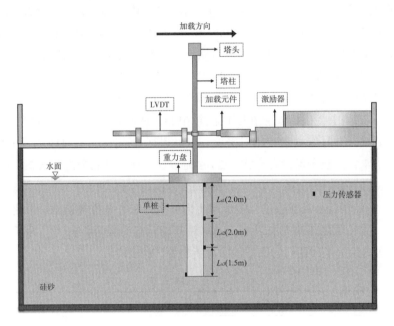

图 2.3 离心机试验装置示意图

2.2 离心机振动台试验

离心机试验是研究地震荷载作用下结构和土体动力响应的有效试验方法。在没有足够数量的现场试验和工程案例研究的情况下，需要通过可靠的室内试验来分析海上风机复合式桩–盘基础的地震响应。地震作用对土体强度影响较大，尤其是在饱和状态下，极有可能会导致海上风机结构失效，遭到破坏。土体承载响应行为与其应力状态紧密相关，然而，1g 室内试验可能无法准确复现现场土体应力状态，而离心机试验可以在小比例尺模型下重现真实土体应力状态，弥补了 1g 室内试验的不足与现场试验的空白。

离心机振动台试验在美国凯斯西储大学（Case Western Reserve University）的 20g-ton 土工离心机中进行[24]。离心臂有效半径为 1.37m，静态试验最大加速度为 200g，动态试验最大加速度为 100g。旋转臂一端装有电液振动台，用于在旋转过程中产生地震荷载。在振动台台面顶部固定一个刚性容器，用来盛放试验用土和模型。本节中使用的最大加速度为 50g，代表数据缩放因子为 50。下面各节介绍的所有数据都是使用离心机缩放定律的原型规模。

离心模型试验是研究干燥或饱和砂土地基抗震性能的有效方法。离心机试验实现了在大重力加速度下对小尺寸模型的测试，并根据缩尺定律模拟土颗粒间的真实应力状态。土的承载行为很大程度上取决于应力状态，因此 1g 重力加速度的室内试验可能无法准确复制原型土体的真实应力行为。特别是对于海上风机基础结构，由于缺乏关于其抗震性能的有据可查的现场试验或案例研究，必须进行可靠的物理试验。已有相关学者采用离心机模型试验研究了地基的地震响应。Liu 等[25]进行了 8 组离心机试验，研究了地震过程中浅基础的抗震性能，并揭示了液化引起沉降的机理。Kulasingam 等[26] 通过考虑一系列不同初始相对密度和三种地震动组合，进行了 12 个离心机振动台试验来研究饱和砂土边坡的液化行为。

固定在离心机内部的刚性容器的内部尺寸为 26.7m（长）×12m（宽）×8.9m（深）。在容器中制备试验用土，然后安装试验模型。离心机旋转至 50g 时，通过固定在容器下的振动台施加地震荷载。容器的刚性壁允许剪切波从容器底部以及从周围侧壁传播。因此，部分剪切波可能会传回测试模型并加剧所施加的动态荷载。为尽量减少所述作用，将试验模型安装在容器中部，以便与刚性容器边界留出足够的距离，并在密砂中减弱影响[27, 28]。刚性容器因其施工安装方便等优点，在动态离心机试验中得到了广泛的应用。由于动力荷载的加剧，其试验结果更加保守[27]。

2.2.1 试验模型

离心机模型由 6 种不同的基础组成，包括传统单桩基础和 5 种不同重力盘厚度和重力盘直径的复合式桩 – 盘基础。试验模型采用与江苏某 3MW 海上风机相同的上部结构设计[29]，离心试验中原型模型与真实风力机缩尺比为 1：6。塔柱采用长度为 13m 的铝柱。本书的主要目的是研究地震过程中土体液化和土结相互作用机制（SSI），因此将塔头简化为固定在测风塔顶部的集中质量块。单桩采用直径（D_p）为 1.1m、总长（L）为 7m 的铝棒制作。复合式桩 – 盘基础由单桩和重力盘组成。考虑重力盘厚度和直径的影响，制作了 5 个复合式桩 – 盘基础模型。测试模型的详细信息列于表 2.4。模型编号定义方法包括：①基础类型（M：单桩基础，H：复合式桩 – 盘基础）；②重力盘直径（D）；③重力盘厚度（$t = 0.475$m）。例如，"H-D5-2t"代表重力盘直径为 5m、厚度为 0.95m 的复合式桩 – 盘基础。测试模型如图 2.4 所示。第一组重力盘直径相同，均为 5m，厚度从 t 到 $3t$ 不等；这些重力盘与土体间的接触面积相同，但自重不同。第二组重力盘厚度相同但直径不同，在振动过程中将会产生不同的排水长度。对 6 个试验模型分别进行了干燥和饱和条件下的试验，共进行了 12 次离心机试验，以考察复合式桩 – 盘基础的地震响应。

表2.4 试验模型尺寸设计（基础尺寸影响研究）

模型编号	基础类型	桩基尺寸 /m		重力盘尺寸 /m		基础质量 /t
		D_p	L	D_w	t	
M	单桩基础	1.1	7			22
H-D5-3t	复合式桩 – 盘基础	1.1	7	5	1.425	105
H-D5-2t	复合式桩 – 盘基础	1.1	7	5	0.95	71
H-D5-t	复合式桩 – 盘基础	1.1	7	5	0.475	47
H-D7-2t	复合式桩 – 盘基础	1.1	7	7	0.95	117
H-D3-2t	复合式桩 – 盘基础	1.1	7	3	0.95	40

如图 2.5 所示，为了重点研究不同土体状态下钢制重力盘和碎石重力盘的区别，本节另外制作了 5 个离心机试验模型，其尺寸和质量如表 2.5 所示。同时，根据试验模型类别和土体状态的不同，共进行了 10 次离心机试验，试验细节列于表 2.6。试验编号由两部分组成：第一部分代表基础类型，第二部分描述土体条件。

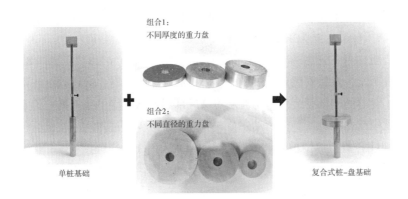

组合1:
不同厚度的重力盘

组合2:
不同直径的重力盘

单桩基础

复合式桩–盘基础

图 2.4 离心机振动台试验模型（基础尺寸影响研究）

表2.5 试验模型尺寸设计（重力盘类型影响研究）

基础类别	尺寸 /m				质量 /t
单桩基础（M）	D_p=1.1		L=7		22
钢制重力盘基础（S）	D_w=7		t=1.5		260
碎石重力盘基础（G）	D_w=7		t=1.5		87.5
单桩–钢制重力盘基础（HS）	D_p=1.1	L=7	D_w=7	t=1.5	282
单桩–碎石重力盘基础（HG）	D_p=1.1	L=7	D_w=7	t=1.5	109.5

表2.6 试 验 编 号 详 情

试验编号	基础类型	土体条件
M-D	单桩基础	干燥
HS-D	单桩–钢制重力盘基础	
HG-D	单桩–碎石重力盘基础	
S-D	钢制重力盘基础	
G-D	碎石重力盘基础	
M-S	单桩基础	饱和
HS-S	单桩–钢制重力盘基础	
HG-S	单桩–碎石重力盘基础	
S-S	钢制重力盘基础	
G-S	碎石重力盘基础	

M HS HG S G

单桩基础　　　　单桩–钢制重力盘基础　　单桩–碎石重力盘基础　　钢制重力盘基础　　碎石重力盘基础

图 2.5 离心机振动台试验模型（重力盘类型影响研究）

2.2.2　试验土样

土层采用广泛应用于岩土工程勘察的 Toyoura 砂。Toyoura 砂为含棱角颗粒的均匀砂，其力学特性列于表 2.7。在试验土样制备过程中，将 Toyoura 砂以恒定高度铺设于刚性容器中，然后施加额外的压实，使得土样相对密度保持 70%[30]。在密砂中，边界条件的影响较小。首先进行干燥试验，为饱和工况提供对比数据。对于饱和砂土，制备干砂后在真空条件下从刚性容器底部缓慢注入真空水，静置持续 24 小时以上以达到完全饱和状态。根据离心机缩尺定律，渗流时间（与比例因子呈二次方）与试验时间（与缩放因子呈线性关系）之间存在偏差[31]。有研究者提出用黏性流体来弥补这种偏差[32, 33]。然而，利用黏性流体很难使土体达到饱和。本书旨在研究复合式桩 – 盘基础的抗震性能及不同影响因素的影响。因此，为了进行机理研究和模型验证，建议将真空水作为孔隙流体[34]。为了进行有效的比较和分析，每次离心机试验都用相同的程序重新制备土样。每个试验的最终土层厚度为 6m，水位标高达到土体表面以上 1m 进行饱和试验。完成离心机试验模型安装后，将桩体完全打入土层中，并与容器底部接触，以模拟桩体到达近海区域基岩的情况[35]；重力盘则与土体表面充分接触。

表2.7　　　　　　　　　　　　　　　　试验土样参数

参　　　数	数　　　值
C_u	1.59
C_c	0.96
G_s	2.65
D_{50}/mm	0.17
D_{10}/mm	0.16
e_{max}	0.98
e_{min}	0.6
φ/（°）	31

2.2.3　试验步骤

通过固定在刚性容器下的振动台施加合成地震荷载，剪切波沿长边传播。输入地震动为相对简单且主频为 2Hz 的强地震波，如图 2.6 所示。本节旨在探究新型复合式桩 – 盘基础的抗震性能并明确其影响因素，因此没有重复特定的地震事件。该输入地震动已被用于 Verification of Liquefaction Analysis by Centrifuge Studies（VELACS）项目中研究多种模型在地震荷载作用下的承载响应，并被多个研究团队作为"基准"类型的地震波[36]。

重力盘中心孔的直径与桩径相同。在试验过程中，单桩通过重力盘中心孔以保持完全连接，且安装后允许两部分之间的垂直运动。相关研究建议在桩与盘之间允许轻微滑动的情况下，复合式桩 – 盘基础体系将更有效[37]。通过一系列数值模拟证明，复合式桩 – 盘基础的承载能力不是单桩和重力盘承载能力的简单代数求和[38]。在水平力作用过程中，重力盘抵抗了大部分的水平荷载，而桩体在初始阶段并不起主要作用；在随后的极限阶段，桩提供的侧阻力显著增加并超过了重力盘部分[39]。水平荷载作用时重力盘趋于转动，其前侧下方土体产生的竖向应力减小了桩身弯矩。在复合基础体系中，当水平荷载作用时，重力盘的旋转中心几乎保持在重力盘中心位置。重力盘部件不太可能发生滑动，水平位移主要由桩体转动和土体变形引起。同时，我们还对带有润滑接头的复合式桩-盘基础进行了试验，发现桩-盘光滑界面与原始界面的承载力没有明显差异。由于缩尺模型的限制，本节假定单桩与重力盘连接处的刚度变化不予考虑。然而，在实际场地中，两个构件的连接受到外部荷载的影响很大。在未来的研究中，对连接属性的详细分析是必要的。

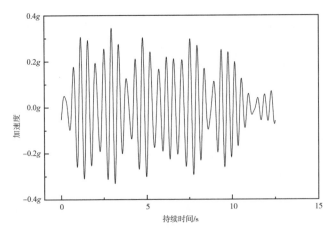

图 2.6　输入地震波

离心机模型试验中设置 3 个加速度传感器（ACC）、3 个孔隙水压力传感器（PPT）和 1 个线性变位移传感器（LVDT）来监测土体和结构的抗震性能；基础和土体的沉降在离心试验前后用卡尺进行监测。试验加载及测量部件布置如图 2.7 所示。将 ACC 和 PPT 安装在相同深度 1.25m 但水平距离不同的对中位置。ACC1 和 PPT1 分别放置在桩旁和盘下；ACC2 和 PPT2 安装在距离单桩表面 2.5m 处，同时代表 5m 直径的重力盘外边缘位置；ACC3 和 PPT3 放置在距离桩中心 8m 处，监测自由场的抗震性能。自由场的测量位置与容器侧壁和重力盘边缘有足够的距离，以尽量减少边界或结构影响。风电机组对倾斜破坏较为敏感。因此，将 LVDT 固定在土体表面上方 4m 处，用于监测振动过程中结构的水平位移。由于剪切波速与土体剪切模量直接相关[40]，故采用 ACC 记录土体的地震响应。当记录得到的加速度在振动过程中随着输入地震波的时间而保持恒定时，表明土体保持其强度和刚度，从而使剪切波得到有效的传播。值得一提的是，为了记录可靠的数据，将 ACC 沿剪切波的传播方向放置。在饱和试验中，PPT 与 ACC 一起用于监测土体液化现象。地震过程中，由于孔隙水压力的积累，土体发生软化。当孔隙水压力比（超孔隙水压力 Δu 与初始有效应力 σ' 的比值）达到 1 时，表明土体发生液化，此时土体彻底失去强度和刚度。PPT 比随着超孔隙水压力的消散而减小，之后水在土颗粒间被挤出，土体恢复强度和刚度。在这种情况下，由于剪切波无法在液化土体中传播，记录的加速度很可能会显著降低[41]。在整个试验过程中，记录结构的侧移和沉降，以分析基础结构的地震反应。海上风机对水平承载失效较为敏感，应通过增加重力盘结构的方式降低沉降。如图 2.6 所示，输入地震动持续时间为 12.5s。为了监测地震响应的全过程，数据采集系统在地震波前 2.5s 开始记录，震后持续记录 10s。在数据叙述时，时程描述地震响应总周期为 25s。换能器的详细参数参见 Qin 等 [42] 描述，并在本次测试前对传感器进行校准。

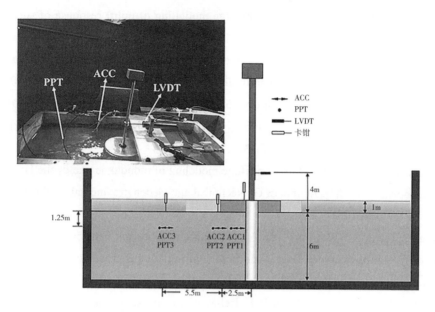

图 2.7　试验装置示意图

参考文献

［1］Chakraborty T，Salgado R. Dilatancy and shear strength of sand at low confining pressures[J]. Journal of Geotechnical and Geoenvironmental Engineering，2010，136（3）：527-532.

［2］Kelly R B，Houlsby G T，Byrne B W. A comparison of field and laboratory tests of caisson foundations in sand and clay[J]. Géotechnique，2006，56（9）：617-626.

［3］Hong Y，He B，Wang L Z，et al. Cyclic lateral response and failure mechanisms of semi-rigid pile in soft clay：centrifuge tests and numerical modelling[J]. Canadian Geotechnical Journal，2017，54（6）：806-824.

［4］Geotechnical centrifuge technology[M]. CRC Press，2018.

［5］Klinkvort R T，Black J A，Bayton S M，et al. A review of modelling effects in centrifuge monopile testing in sand[J]. Physical Modelling in Geotechnics，2018：720-723.

［6］Zhang P，Guo Y，Liu Y，et al. Experimental study on installation of hybrid bucket foundations for offshore wind turbines in silty clay[J]. Ocean Engineering，2016，114：87-100.

［7］Lian J，Zhao Y，Dong X，et al. An experimental investigation on long-term performance of the wide-shallow bucket foundation model for offshore wind turbine in saturated sand[J]. Ocean Engineering，2021，228：108921.

［8］Kong D，Wen K，Zhu B，et al. Centrifuge modeling of cyclic lateral behaviors of a tetrapod piled jacket foundation for offshore wind turbines in sand[J]. Journal of Geotechnical and

Geoenvironmental Engineering，2019，145（11）：04019099.

［9］ Zhu B，Dai J，Kong D，et al. Centrifuge modelling of uplift response of suction caisson groups in soft clay[J]. Canadian Geotechnical Journal，2020，57（9）：1294-1303.

［10］ Kumar K，Kumar C S，Masanta M，et al. A review on TIG welding technology variants and its effect on weld geometry[J]. Materials Today：Proceedings，2022，50：999-1004.

［11］ Tasiopoulou P，Chaloulos Y，Gerolymos N，et al. Cyclic lateral response of OWT bucket foundations in sand：3D coupled effective stress analysis with Ta-Ger model[J]. Soils and Foundations，2021，61（2）：371-385.

［12］ Zhu B，Ren J，Yuan S，et al. Centrifuge modeling of monotonic and cyclic lateral behavior of monopiles in sand[J]. Journal of Geotechnical and Geoenvironmental Engineering，2021，147（8）：04021058.

［13］ Yang X，Zeng X，Wang X，et al. Performance and bearing behavior of monopile-friction wheel foundations under lateral-moment loading for offshore wind turbines[J]. Ocean Engineering，2019，184：159-172.

［14］ Leung C F，Chow Y K，Shen R F. Behavior of pile subject to excavation-induced soil movement[J]. Journal of Geotechnical and Geoenvironmental Engineering，2000，126（11）：947-954.

［15］ Wang X，Yang X，Zeng X. Centrifuge modeling of lateral bearing behavior of offshore wind turbine with suction bucket foundation in sand[J]. Ocean Engineering，2017，139：140-151.

［16］ Yang X，Wang X，Zeng X. Numerical simulation of the lateral loading capacity of a bucket foundation[C]. Geotechnical Frontiers 2017. 2017：112-121.

［17］ Wang Y，Zou X，Zhou M，et al. Failure mechanism and lateral bearing capacity of monopile-friction wheel hybrid foundations in soft-over-stiff soil deposit[J]. Marine Georesources & Geotechnology，2022，40（6）：712-730.

［18］ ASTM Committee D-18 on Soil and Rock. Standard test methods for minimum index density and unit weight of soils and calculation of relative density[M]. American Society for Testing and Materials International，U.S.A，2006.

［19］ Wang X，Li J. Parametric study of hybrid monopile foundation for offshore wind turbines in cohesionless soil[J]. Ocean Engineering，2020，218：108172.

［20］ Zhou X L，Jeng D S，Yan Y G，et al. Wave-induced multi-layered seabed response around a buried pipeline[J]. Ocean Engineering，2013，72：195-208.

［21］ Fan S，Bienen B，Randolph M F. Effects of monopile installation on subsequent lateral response in sand. I：Pile installation[J]. Journal of Geotechnical and Geoenvironmental Engineering，2021，147（5）：04021021.

［22］ Byrne B W，Houlsby G T. Foundations for offshore wind turbines[J]. Philosophical Transactions of the Royal Society of London. Series A：Mathematical，Physical and Engineering Sciences，2003，361（1813）：2909-2930.

［23］Klinkvort R T. Centrifuge modelling of drained lateral pile-soil response[J]. Application for offshore wind turbine support structures, Department of Civil Engineering, Technical University of Denmark（DTU）, Lyngby, Report R-271, 2012.

［24］Figueroa J L, Saada A S, Dief H, et al. Development of the geotechnical centrifuge at Case Western Reserve University[C]. Centrifuge 98. 1998：3-8.

［25］Liu L, Dobry R. Seismic response of shallow foundation on liquefiable sand[J]. Journal of Geotechnical and Geoenvironmental Engineering, 1997, 123（6）：557-567.

［26］Kulasingam R, Malvick E J, Boulanger R W, et al. Strength loss and localization at silt interlayers in slopes of liquefied sand[J]. Journal of Geotechnical and Geoenvironmental Engineering, 2004, 130（11）：1192-1202.

［27］Yang Z, Elgamal A, Adalier K, et al. Container boundary effect on seismic earth dam response in centrifuge model tests[C]. 11th International Conference on Soil Dynamics & Earthquake Engineering and 3rd International Conference on Earthquake Geotechnical Engineering, 2004：669-675.

［28］Takahashi H, Morikawa Y, Ichikawa E. Effects of rigid sidewall of specimen container on seismic behaviour[C]. Physical Modelling in Geotechnics, Two Volume Set：Proceedings of the 7th International Conference on Physical Modelling in Geotechnics（ICPMG 2010）, 28th June-1st July, Zurich, Switzerland. CRC Press, 2010, 1：177.

［29］Ding H, Liu Y, Zhang P, et al. Model tests on the bearing capacity of wide-shallow composite bucket foundations for offshore wind turbines in clay[J]. Ocean Engineering, 2015, 103：114-122.

［30］Wang X, Zeng X, Yang X, et al. Feasibility study of offshore wind turbines with hybrid monopile foundation based on centrifuge modeling[J]. Applied Energy, 2018, 209：127-139.

［31］Chandrasekaran V. Centrifuge modelling in earthquake geotechnical engineering[J]. Energy, 2003, 3（1）：571.

［32］Fiegel G L, Kutter B L. Liquefaction-induced lateral spreading of mildly sloping ground[J]. Journal of Geotechnical Engineering, 1994, 120（12）：2236-2243.

［33］Dashti S, Bray J D, Pestana J M, et al. Mechanisms of seismically induced settlement of buildings with shallow foundations on liquefiable soil[J]. Journal of Geotechnical and Geoenvironmental Engineering, 2010, 136（1）：151-164.

［34］Zeng X, Wu J, Young B A. Influence of viscous fluids on properties of sand[J]. Geotechnical Testing Journal, 1998, 21（1）.

［35］Tokimatsu K, Suzuki H, Sato M. Effects of inertial and kinematic interaction on seismic behavior of pile with embedded foundation[J]. Soil Dynamics and Earthquake Engineering, 2005, 25（7）：753-762.

［36］Arulanandan K, Scott R F. Project VELACS—Control test results[J]. Journal of Geotechnical Engineering, 1993, 119（8）：1276-1292.

［37］Arshi H S，Stone K J L，Vaziri M，et al. Modelling of monopile-footing foundation system for offshore structures[C]. 18th International Conference on Soil Mechanics and Geotechnical Engineering，02-05 Sep 2013，Paris，France.

［38］Chen W Y，Wang Z H，Chen G X，et al. Effect of vertical seismic motion on the dynamic response and instantaneous liquefaction in a two-layer porous seabed[J]. Computers and Geotechnics，2018，99：165-176.

［39］Yang X，Zeng X，Wang X，et al. Performance of monopile-friction wheel foundations under lateral loading for offshore wind turbines[J]. Applied Ocean Research，2018，78：14-24.

［40］Fu L，Liu G，Zeng X. Evaluation of shear wave velocity based soil liquefaction resistance criteria by centrifuge tests[J]. Geotechnical Testing Journal，2009，32（1）.

［41］Dong S U，Xiangsong L. Centrifuge investigation on seismic response of single pile in liquefiable soil[J]. Chinese Journal of Geotechnical Engineering，2006，28（4）：423-427.

［42］Qin J，Zeng X，Ming H. Centrifuge modeling and the influence of fabric anisotropy on seismic response of foundations[J]. Journal of Geotechnical and Geoenvironmental Engineering，2016，142（3）：04015082.

第3章 复合式桩－盘基础水平承载特性机理分析

3.1 引言

复合式桩－盘基础可以作为新一代海上风电机组的创新基础支撑结构，这种新型基础结构具有更为广泛的适用前景，可作为传统单桩式基础的优化结构。为研究复合式桩－盘基础在水平单调荷载作用下的水平承载能力，本章进行了一系列离心试验。试验中考虑了5种不同尺寸的基础试验模型和2种土体性质的综合影响。试验结果表明，相较于传统基础形式，复合式桩－盘基础表现出更好的水平承载性能，其极限水平承载力和承载刚度都得到了明显提高。在此基础上，提出了2种承载力分析方法，并与离心机试验结果进行了对比验证。复合式桩－盘基础水平承载力小于传统单桩基础和重力盘基础水平承载力之和，本章建议采用折减系数对重力盘部件的水平承载能力进行简化计算。重力盘部件有效限制了单桩部件的转动并为其提供额外的恢复力矩，其被等效为作用在桩顶的等效恢复弯矩。本章分析结果为利用传统理论方法评估海上风电机组复合式桩－盘基础的水平承载力提供了可靠的解决方案。

3.2 离心机试验结果

为研究海上风机复合式桩－盘基础的水平承载特性，本章通过离心机试验分别在饱和松砂土质和饱和密砂土质下进行了5种不同尺寸的模型试验，试验相关信息见表2.2和图2.1。本章给出的所有结果都是基于原型尺度的。

试验模型水平荷载与位移的关系如图3.1所示。所有试验模型承载曲线的趋势是相似的：试验模型在加载初期表现为线性变形，随着外部水平荷载的增加，模型的承载响应转变为非线性。对于单桩基础和碎石重力盘基础，两者的承载曲线趋势最终达到平台期，因此在平台期附近达到极限水平承载力。对于复合式桩－盘基础和钢制重力盘基础，其水平承载能力趋于持续小幅增加，并无明显平台期。钢制重力盘基础和复合式桩－盘基础可以在泥线处产生额外的转动约束，使得基础的水平承载力提高。同时，如图3.1所示，单桩基础（M）和碎石重力盘基础（G）的极限水平荷载对应的水平位移约为0.3m，约为其他基础形式屈服位移的2倍。因此，对于复合式桩－盘基础，需要承受更大的外部水平荷载才能达到相似的水平位移，这进一步表明了增加重力盘对提高基础水平承载力的重大意义。

复合式桩 – 盘基础极限水平承载力增加的同时，基础抗侧刚度也有显著上升。基础水平承载刚度与位移的关系如图 3.2 所示。复合式桩 – 盘基础的抗侧刚度较高，尤其是在变形较小的初始承载阶段。两种复合式桩 – 盘基础的初始刚度相近，但在极限状态下，单桩 – 钢制重力盘基础（HS）表现出更大的刚度，且该现象在密实砂土中更为明显。此外，通过进一步对比碎石盘基础（摩擦较弱）和复合式桩 – 盘基础承载响应特性的差异，发现单桩 – 碎石重力盘基础的初始刚度明显较大，但其极限水平承载力较小。因此，无论采用何种材料形式的重力盘，复合式桩 – 盘基础的整体抗侧刚度均有明显的提升。

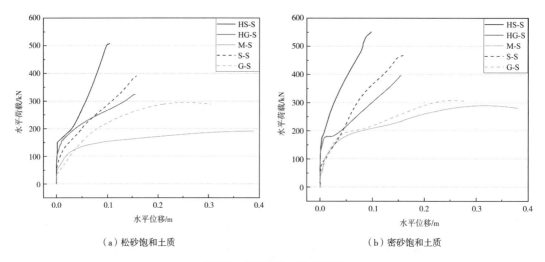

（a）松砂饱和土质　　　　　　　　　（b）密砂饱和土质

图 3.1　水平荷载 – 位移曲线

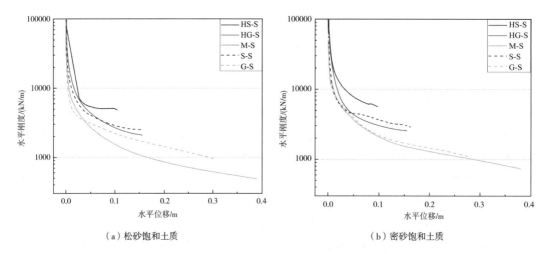

（a）松砂饱和土质　　　　　　　　　（b）密砂饱和土质

图 3.2　水平承载刚度 – 位移曲线

　　地基的屈服是一个从小弹性变形到最终大塑性变形的渐进过程，因此基础结构的极限承载力有 3 种判别方法：①荷载 – 位移曲线上的最大曲率点[1]；②荷载 – 位移曲线首尾拟合的两条直线的交点[2]；③荷载 – 位移曲线的显著变化点[3]，其可以很容易地确定基础极限承载力。这里采用第三种方法，即通过绘制位移速率 – 水平荷载曲线来提取基础极限水平承载力。本节将位移速率定义为水平位移相对于水平荷载的增量，并绘制其与水平荷载的变化关系。如图 3.3

所示，所得数据可以用具有交互作用的线性拟合曲线来描述其变化趋势，在突增初期的交互作用可视为极限承载力[4]，并将该方法得到的极限承载力汇总在表 3.1 中。同时，从最终加载阶段或试验所能承受的最大水平荷载中提取极限承载力[5]，同样汇总于表 3.1。

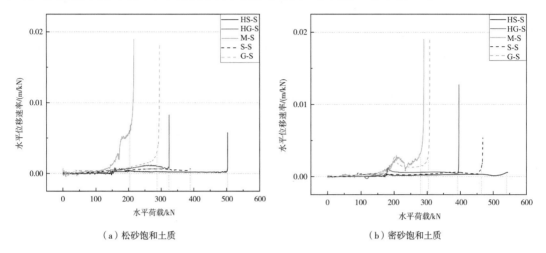

（a）松砂饱和土质　　　　　　　　　　　　　（b）密砂饱和土质

图 3.3　水平位移速率 – 荷载曲线

表3.1　　　　　　　　　　　　　　　　试 验 结 果 汇 总

土体类型	基础类型	极限水平承载力 /kN	
		提取自变形速率显著变化点	提取自最大值
松砂饱和土	单桩基础	205	191
	单桩 – 钢制重力盘基础	502	509
	单桩 – 碎石重力盘基础	324	324
	钢制重力盘	390	391
	碎石重力盘	288	295
密砂饱和土	单桩基础	280	290
	单桩 – 钢制重力盘基础	542	551
	单桩 – 碎石重力盘基础	392	395
	钢制重力盘	464	468
	碎石重力盘	304	308

　　为了更清楚地展示复合式桩 – 盘基础的承载优势，将各基础形式受到的水平荷载与传统单桩基础的极限承载力进行归一化处理，并绘制于图 3.4 中。表 3.2 汇总了复合式桩 – 盘基础的承载系数，其表示复合式桩 – 盘基础与传统基础之间极限承载力的比值。通过分析表 3.2 可得以下结论：

　　（1）如第 2 列所示，与单桩基础相比，复合式桩 – 盘基础的承载力显著提高，尤其是在松砂土质中。重力盘可以在泥面处提供额外的水平摩擦阻力，且土体密实化效应在松砂土质中更为明显。

　　（2）如第 3、第 4 列所示，复合式桩 – 盘基础的承载力相比钢制重力盘基础和碎石重力盘基础同样有所提升，但提升幅度不如单桩基础。与相应的重力盘式基础相比，两种复合式桩 – 盘基础的承载能力比例系数相似，在这种情况下，可以将重力盘看作为对传统单桩基础的加固结构。

表3.2 复合式桩–盘基础承载系数

基础类型	单桩基础		钢制重力盘基础		碎石重力盘基础		单桩基础+钢制重力盘基础		单桩基础+碎石重力盘基础	
土质	松砂	密砂	松砂	密砂	松砂	密砂	松砂	密砂	松砂	密砂
单桩–钢制重力盘基础	2.66	1.9	1.3	1.18	—	—	0.87	0.73	—	—
单桩–碎石重力盘基础	1.7	1.36	—	—	1.1	1.28	—	—	0.67	0.66

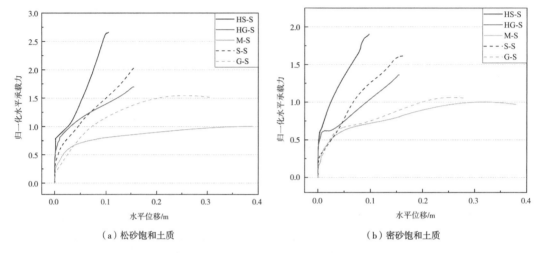

（a）松砂饱和土质　　　　　　　　　　（b）密砂饱和土质

图 3.4　归一化水平荷载–位移曲线

（3）最后如第4、第5列所示，复合式桩–盘基础的极限承载力小于单桩基础和重力盘式基础的极限承载力之和，并且碎石重力盘基础对应的复合式桩–盘基础极限承载能力的降低程度更明显。

3.3　复合式桩–盘基础承载特性分析

根据试验结果可知，复合式桩–盘基础的水平承载力相较于单桩基础和重力盘基础有显著提升。试验模型在距土体表面4.5m高度处受到水平荷载作用，而重力盘的加入抑制了桩体在泥线处的转动，从而显著提高了其水平响应刚度。对于极端工况，桩顶刚性固定情况相对于桩顶自由情况，基础结构的水平挠度预计减小75%[6]。复合式桩–盘基础对竖向荷载的依赖性较小，因此，可以极大地降低桩体直径，极大地降低基础的建造及施工费用。同时，单桩的抗拉能力使得重力盘的有效面积更大。此外，重力盘与土体之间的摩擦力在抵抗基础整体水平滑动方面作用显著。盘土间摩擦力的大小取决于重力盘的类型、重力盘尺寸以及重力盘与土体间的接触特性等。

图3.5描述了两种复合式桩–盘基础在离心试验后的正视图和侧视图，从而展现其破坏模式。在水平荷载作用下，基础模型会向前方偏转。对于单桩–钢制重力盘基础，盘前土体产生隆起现象，这表明基础的滑动和旋转同时发生。试验结束后，钢制重力盘前部会嵌入到土中一定深度，而后部则与土体脱开，该现象说明试验过程中盘下土体产生了被动压力并提供了额外的阻力。对于单桩–碎石重力盘基础，其碎石支撑架转动明显，但碎石与支撑架并没有作为一个整体与框架一起转动。支撑架的作用是收拢碎石，而碎石是分散的颗粒，因此，碎石可能无

法完全被支撑架带动一起旋转。除盘下土体竖向应力提供的恢复力矩外，由于土与碎石和砂土之间的摩擦系数较大，两者之间的摩擦力带来了明显的附加抗滑力。综上所述，复合式桩－盘基础的倾覆破坏占主导地位，但在分析中也应考虑滑动破坏，因此在设计中应取用较小的极限荷载值。

（a）侧视图　　　　　　　　　　（b）正视图

图 3.5　试验现象

针对复合式桩－盘基础极限承载力的解析方法，目前尚无创新概念，需要进行相关研究对其进行全面阐述。复合式桩－盘基础是传统单桩基础和重力式基础的结合，下面介绍的方法中将综合利用传统单桩基础和重力基础分析方法，所使用的传统基础分析方法在实际中得到了广泛的应用。第一种方法将复合式桩－盘基础体系中复杂的土结相互作用简化为多个基础形式的叠加结果，通过离心机试验对结果进行了分析验证。在此基础上，提出了关于复合式桩－盘基础极限承载能力的折减系数。第二种方法将复合式桩－盘基础理想化为在桩顶施加倾覆力矩的单桩基础，从而可以使用水平受荷桩的分析方法估计其极限承载力。

3.3.1　单桩基础水平承载响应

为了研究复合式桩－盘基础的水平承载特性，首先需要研究传统单桩基础的水平响应特性。DNV 规范中采用 $p\text{-}y$ 方法对单桩基础进行水平受力分析[7]，该方法在海上风机单桩基础设计中得到了广泛的应用[8, 9]。$p\text{-}y$ 方法采用 Winkler 分析方法，其中，土结相互作用被简化为一系列连续的梁－柱弹簧单元，在沿桩埋深方向的每个节点处施加一系列非线性弹簧。对于任意外荷载情况，均可以得到来自周围土体提供的水平抗力与桩身挠度之间的关系：

$$p = A p_u \tanh\left(\frac{kz}{Ap_u}y\right) \tag{3.1}$$

式中：p 为侧阻力，MN/m；A 为加载条件因子；p_u 为极限侧阻力，MN/m；k 为地基反应的初始模量，MN/m^3，其大小取决于摩擦角；z 为泥面以下的深度，m；y 为水平挠度，m。

将根据 DNV 规范中的 $p\text{-}y$ 方法得到的单桩基础水平荷载－位移曲线与离心试验结果进行对比，如图 3.6 所示。根据 DNV 规范，松砂土质和密砂土质的地基反力初始模量 k 分别取值为 18MPa/m 和 31MPa/m[7]。两种承载力评估方法得到的承载曲线趋势相似，都是在经历初始较高刚度响应后达到平台期。离心机试验曲线比 DNV 规范计算曲线具有更大的初始刚度，但离心机试验结果得到的极限水平承载力较高。两种计算方法中极限水平荷载所对应的破坏位移较为接近。两种计算方法得到的结果差异主要由于 DNV 规范中 p-y 曲线法的设计原理。DNV 方法的设计理论依据长柔性桩开展，因此没有考虑桩端剪力的影响。然而，在本试验中，桩端处的剪切力将充分发挥承载作用，并且其会随着桩身旋转进一步增加，这也是之前的研究所建议的[9]。考虑桩端剪力时，桩体承载特性有所提升。DNV 方法针对刚性桩承载力的评估提供了较为保守的结果，有利于实际设计。因此，本章将 DNV 规范中的 p-y 方法用于复合式桩−盘基础承载力的评估当中。

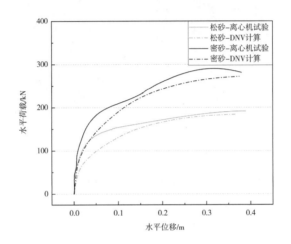

图 3.6 离心机试验和 DNV 规范 p-y 曲线得到的单桩基础水平荷载−位移曲线

3.3.2 重力盘基础水平承载响应

重力盘的水平承载响应与海上重力式基础相似，故采用 DNV 规范建议的重力式基础承载力设计标准[7]。作用在基础上的外部荷载以及来自上部结构的自重都以水平荷载和竖向荷载形式传递到土与结构的交界面上，而倾覆弯矩则由荷载偏心来表示。采用 Hanson 方法定义重力基础承载力，建议惯性摩擦角的安全系数取值为 1.2，而静力承载力的安全系数取值为 2[10]。除此之外，还需考虑地基的抗滑力，其取决于土的特性和土与结构交界面的摩擦系数。建议钢−砂界面摩擦系数取 0.25，碎石−砂界面摩擦系数取 0.4。将计算得到的基础极限承载力列于表 3.3，并与试验结果进行对比。可以发现，采取 DNV 方法得到的计算结果相比于离心机试验结果偏于保守，更有利于实际设计。

表3.3 离心机试验和DNV规范得到的重力盘基础极限水平承载力

重力盘基础	极限水平承载力 /kN			
	DNV 计算结果		离心机试验结果	
土体类型	松砂	密砂	松砂	密砂
钢制重力盘	341	421	391	468
碎石重力盘	252	284	295	308

3.3.3　复合式桩 – 盘基础水平承载响应

3.3.3.1　叠加法

首先通过多个基础的承载曲线直接叠加估算复合式桩 – 盘基础的水平承载力，对比结果见表 3.4。"解析结果叠加"项是将传统单桩基础和重力盘的计算结果直接相加，从而分析复合式桩 – 盘基础的承载力。"试验结果叠加"项将复合式桩 – 盘基础的试验结果作为对比，此外，列出了不同基础形式和分析方法直接的折减系数，折减系数定义为多个传统基础形式的承载力之和（从分析结果和试验）与复合式桩 – 盘基础承载力之比。"解析法"项为 DNV 规范解析法结果的折减系数。"试验法"项为试验结果的折减系数。可以发现，由于 DNV 规范对每种基础形式都给出了较为保守的结果，使得解析法的折减系数偏于保守。因此，可通过将多个传统基础形式的分析结果直接相加并乘以折减系数来初步估算复合式桩 – 盘基础的承载力。本章建议单桩 – 钢制重力盘基础的折减系数取为 0.8，而单桩 – 碎石重力盘基础的折减系数取为 0.7。单桩与钢制重力盘之间的相互作用更为有效，因而折减系数相对较小。所述现象与复合式桩 – 盘基础的破坏机理相呼应，即钢制重力盘的加入可以为单桩基础提供更大的抗弯能力，往往会给复合式桩 – 盘基础体系带来更明显的提升效果。

表3.4　　　　　　　　　　　　复合式桩–盘基础的水平承载力

桩 - 盘基础	水平承载力 /kN				折减系数			
	解析结果叠加		试验结果叠加		解析法		试验法	
土体类型	松砂	密砂	松砂	密砂	松砂	密砂	松砂	密砂
单桩 – 钢制重力盘	525	693	509	551	0.97	0.8	0.87	0.73
单桩 – 碎石重力盘	436	556	342	395	0.78	0.71	0.67	0.66

3.3.3.2　等效弯矩法

重力盘的加入主要为传统单桩基础提供了额外的抗弯能力。为了评估复合式桩 – 盘基础的极限承载力，将复合式桩 – 盘基础体系理想化为作用在单桩上的抵抗力矩，该理念此前也被相关研究团队所采用[11]。基于上述方法，可以将复合式桩 – 盘基础的分析等价于传统的水平受荷桩问题，因此可以应用前面介绍的 DNV 规范方法进行承载力计算。重力盘施加在桩顶的等效恢复弯矩与外荷载方向相反，因此根据传统承载理论的极限条件进行解析估算。分析中基于两个假设：①竖向应力在重力盘下方均匀分布；②由这些竖向应力的合力得到重力盘对桩身提供的等效力矩。此外，从上述试验现象观察可以看出，试验过程中重力盘后部会与土体脱离，尤其是单桩 – 钢制重力盘基础。因此，重力盘前部承受压应力，而后部承受拉应力。然而，由于砂土不能提供拉力，因此重力盘后部提供的竖向应力为 0，恢复力矩仅由重力盘的前半部分的竖向受力特性所决定。

图 3.7 描述了由等效弯矩法和试验结果得到的复合式桩 – 盘基础的水平荷载 – 位移关系。同时，绘制了单桩桩头固定和自由两种边界情况，重力盘为单桩基础提供的额外转动刚度落在这两种边界条件之间。由于复合式桩 – 盘基础的承载力是按照 DNV 规范方法中的 p-y 曲线计算得到的，因此通过等效弯矩法计算得到的水平荷载 – 位移曲线形状与传统单桩基础相似。然而，与试验结果相比，解析法的初始刚度较大，但屈服后刚度迅速减小，承载曲线也逐渐达到

平台期。在试验中，重力盘将为桩头提供额外的恢复力矩。复合式桩 − 盘基础的水平承载力在初始阶段主要由重力盘提供。随着外荷载的不断增加，重力盘为单桩提供的恢复力矩不再能够提供足够的抗力，使得桩 − 土相互作用逐渐显现，从而为基础整体提供附加承载力。上述结果说明复合式桩 − 盘基础的水平刚度在临界点后先下降再上升。此外，与试验结果相比，解析方法得到的极限承载力更加保守，更有利于提高设计安全性。

等效弯矩法和试验得到的水平荷载 − 位移曲线趋势表现出一定的差异，特别是在临界点之后。在实际工程中，复合式桩 − 盘基础的承载响应是重力盘和单桩的协同作用。该分析方法将重力盘的承载作用简化为作用于桩头恢复力矩，并将复合式桩 − 盘基础理想化为传统单桩基础的加强结构。该方法为估算复合式桩 − 盘基础的水平极限承载力提供了一种可能的解决方案，但无法复现土与结构相互作用的过程，因此该解析方法高估了初始刚度，但极限承载力相对保守。

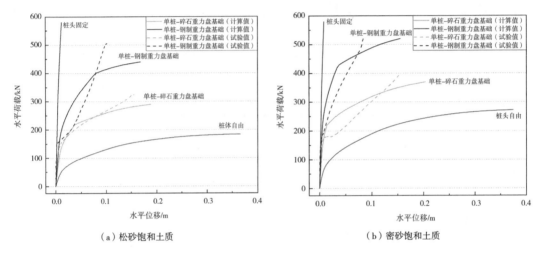

（a）松砂饱和土质　　　　　　　　（b）密砂饱和土质

图 3.7　等效弯矩法与离心机试验结果对比

3.4　小结

为研究海上风机复合式桩 − 盘基础的水平承载力，本章进行了一系列离心机试验。地基土条件分别为松散 − 饱和砂土和密实 − 饱和砂土，共开展了 5 种不同尺寸的试验模型。根据实测数据，绘制了复合式桩 − 盘基础的水平荷载和刚度与水平变形的变化曲线。在此基础上，可以得到基础极限承载力，进而论证复合式桩 − 盘基础的破坏机理。最后，提出了两种估算复合式桩 − 盘基础水平承载力的解析方法，并与离心机试验结果进行了对比验证。可以得出以下结论：

（1）与传统单桩基础和重力盘基础相比，复合式桩 − 盘基础具有更大的水平承载力和初始刚度，且钢制重力盘对基础承载力的加固效果更加明显。

（2）离心机试验加载后，可以观察到基础模型产生明显的旋转。复合式桩 − 盘基础的屈服以倾覆破坏为主，同时还应考虑滑动破坏。

（3）复合式桩 − 盘基础为传统单桩基础和重力式基础的组合形式，其承载力小于两种基础形式的承载力之和。复合式桩 – 盘基础的极限承载力可由各基础的承载力简单叠加然后乘以折减系数计算，本章建议单桩 – 钢制重力盘基础折减系数取为 0.8，单桩 – 碎石重力盘的折减系数取为 0.7。

（4）重力盘的加入为单桩基础提供了额外的抵抗弯矩，可以将重力盘的承载作用等效为作用在桩顶的等效恢复力矩。在此基础上，可以将复合式桩 – 盘基础承载力的评估简化为单桩问题。该方法为预测复合式桩 – 盘基础承载力提供了一种可能的解决方案，但需要充分考虑桩 – 盘相互作用的影响。

参考文献

［1］ McDowell G R. On the yielding and plastic compression of sand[J]. Soils and Foundations，2002，42（1）：139-145.

［2］ Graham J，Pinkney R B，Lew K V，et al. Curve-fitting and laboratory data[J]. Canadian Geotechnical Journal，1982，19（2）：201-205.

［3］ Byrne B W，Villalobos F，Houlsby G T，et al. Laboratory testing of shallow skirted foundations in sand[C]. BGA International Conference on Foundations：Innovations，observations，design and practice：Proceedings of the international conference organised by British Geotechnical Association and held in Dundee，Scotland on 2–5th September 2003. Thomas Telford Publishing，2003：161-173.

［4］ Wang X，Yang X，Zeng X. Centrifuge modeling of lateral bearing behavior of offshore wind turbine with suction bucket foundation in sand[J]. Ocean Engineering，2017，139：140-151.

［5］ Villalobos Jara F，Jara F A V. Model testing of foundations for offshore wind turbines[D]. Oxford University，UK，2006.

［6］ Mokwa R L，Duncan J M. Rotational restraint of pile caps during lateral loading[J]. Journal of Geotechnical and Geoenvironmental Engineering，2003，129（9）：829-837.

［7］ Veritas D N. Design of Offshore Wind Turbine Structure[S]. Offshore Standard DNV-OS-J101，Baerum，Norway：Det Norske Veritas AS（DNV），2004.

［8］ Carswell W，Arwade S R，DeGroot D J，et al. Soil–structure reliability of offshore wind turbine monopile foundations[J]. Wind Energy，2015，18（3）：483-498.

［9］ Lau B H，Lam S Y，Haigh S K，et al. Centrifuge testing of monopile in clay under monotonic loads[C]. 8th International Conferenceon Physical Modelling in Geotechnics. At:Perth，2014：689-695.

［10］ Hansen J B. A revised and extended formula for bearing capacity[J]. Bulletin of the Danish Geotechnical Institute，1970，98（8）：5-11.

［11］ Arshi H S，Stone K J L，Vaziri M，et al. Modelling of monopile-footing foundation system for offshore structures[C]. In：Proceedings 18th International Conference on Soil Mechanics and Geotechnical Engineering，Paris，France，2013.

第4章 基于极限水平承载能力的复合式桩－盘基础参数分析

4.1 引言

复合式桩－盘基础是海上风电机组的一种创新基础形式。本章将通过一系列离心机试验对复合式桩－盘基础的优化设计进行参数研究，分析中考虑了盘径、盘厚和桩长的影响。复合式桩－盘基础的水平承载力随着盘径的增大而增大，并有加快上升的趋势；基础承载力随盘厚和桩长线性增加。与其他参数相比，重力盘直径的影响更为明显。与传统单桩基础和重力盘基础相比，复合式桩－盘基础表现出显著的承载优势，且这种优势在桩长较小时更为显著。复合式桩－盘基础在减小桩长方面显示了其优势，因此在降低资本成本方面具有巨大潜力。本章通过单独评估单桩和重力盘的承载性能，提出一种考虑尺寸因素的分析方法。该计算方法可用于确定复合式桩－盘基础的初始尺寸，并评估其极限水平承载力。

4.2 离心机试验结果

4.2.1 重力盘直径影响

离心机试验记录的水平荷载－位移曲线如图4.1所示。将桩长和盘厚相同但盘径不同的复合式桩－盘基础的承载曲线绘制在一起进行比较。对于传统单桩基础也是通过桩长情况进行分类测试并对比。桩长等于0的试验模型代表重力盘基础，如图4.1（d）所示。复合式桩－盘基础的水平承载力明显大于单桩基础，其水平刚度也得到增强，尤其是对于直径较大的复合式桩－盘基础。该现象表明，重力盘对复合式桩－盘基础体系具有显著的整体刚度贡献。此外，与复合式桩－盘基础相比，重力盘基础的极限抗侧承载力较小，破坏荷载对应的屈服位移也较小。综上所述，复合式桩－盘基础可以显著增强传统基础的承载特性。

复合式桩－盘基础与单桩基础的水平荷载－位移曲线显示出微小差异。复合式桩－盘基础在初始承载阶段迅速上升，之后承载曲线以较大的梯度继续上升并最终达到平台期。在初始线性阶段，重力盘贡献了大部分的水平承载能力。重力盘部件的承载曲线迅速上升，并在较小的水平位移时达到平台期。之后，单桩部件的承载能力随着水平挠度的不断发展而增大，且很快超过重力盘部件。该平台期表明了复合式桩－盘基础的荷载传递机理，其代表在外荷载作用过程中，复合式桩－盘基础的承载主导权由重力盘向单桩的转变[1]。相反，传统单桩基础的承载曲线更加平滑。

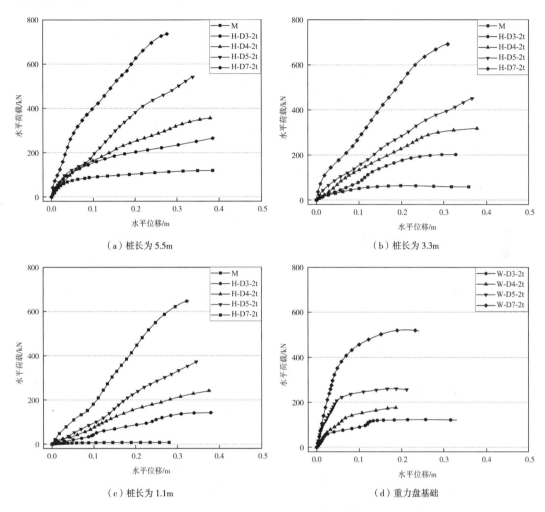

图 4.1 不同盘径试验模型的水平荷载－位移曲线

在塔柱上附加一个 LVDT 来记录旋转变形[2]。对于桩长为 5.5m 的复合式桩－盘基础，水平荷载－转角曲线如图 4.2 所示。由于 LVDT 的记录范围，离心机试验中记录的最大角度小于 5°。在许多情况下，可以将极限水平承载能力定义为试验中记录的最大荷载，这种方法被相关研究人员所使用[3, 4]。在离心机试验过程中，复合式桩－盘基础以较大的输入荷载（1000kN）加载至破坏。试验结果表明，模型在这一峰值之前已经发生承载失效，代表了它们所能承受的最大水平荷载。因此，极限水平能力被确定为荷载－位移曲线上的峰值，列于表 4.1。

表4.1 不同盘径的基础极限水平承载能力

试验编号	桩长 /m	极限水平承载力 /kN
M	5.5	119
	3.3	64
	1.1	7

试验编号	桩长 /m	极限水平承载力 /kN
H-D3-2t	5.5	266
	3.3	202
	1.1	142
	重力盘基础	123
H-D4-2t	5.5	356
	3.3	318
	1.1	243
	重力盘基础	176
H-D5-2t	5.5	542
	3.3	451
	1.1	374
	重力盘基础	260
H-D7-2t	5.5	733
	3.3	692
	1.1	647
	重力盘基础	522

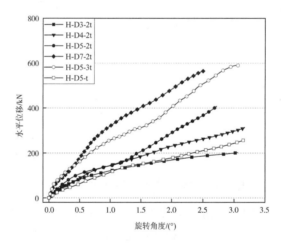

图 4.2　试验模型的水平荷载 – 转角曲线

4.2.2　重力盘厚度影响

　　将桩长和盘径相同但盘厚不同的复合式桩 – 盘基础的荷载 – 位移曲线绘制在图 4.3 中。如表 4.2 所示，复合式桩 – 盘基础的水平承载能力随重力盘厚度的增加而增加。然而，盘厚对初始刚度的提高效果不如盘径显著，特别是对于盘厚较小的复合式桩 – 盘基础。这一系列复合式桩 – 盘基础中的重力盘具有相同的直径，因此盘 – 土原始接触面积相同。不同的盘厚将产生不同的自重，代表作用在下卧土体上的预应力不同。从图 4.3 中可以看出，对于重力盘基础，承载失效时对应的最大水平位移明显小于复合式桩－盘基础。重力盘基础与重力式基础类似，主要破坏模式为水平变形[5]，它不能够抵抗较大的倾覆力矩，产生在盘－土接触面上的摩擦力主要用来抵抗水平位移。

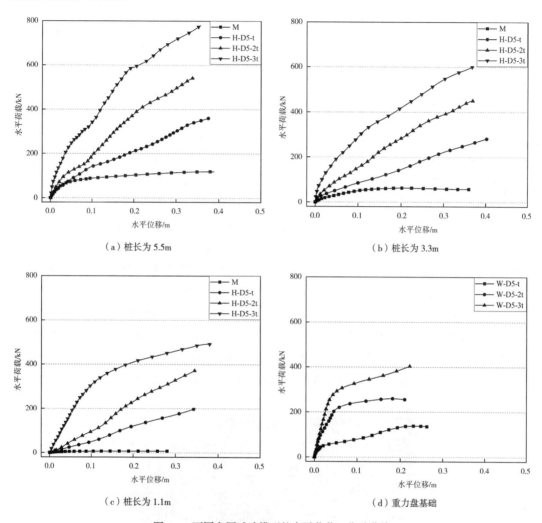

图 4.3 不同盘厚试验模型的水平荷载－位移曲线

表4.2   不同盘厚的基础极限水平承载能力

试验编号	桩长 /m	极限水平承载力 /kN
M	5.5	119
	3.3	64
	1.1	7
H-D5-t	5.5	362
	3.3	284
	1.1	200
	0（重力盘基础）	138

续表

试验编号	桩长 /m	极限水平承载力 /kN
H-D5-2t	5.5	542
	3.3	451
	1.1	374
	0（重力盘基础）	260
H-D5-3t	5.5	781
	3.3	603
	1.1	492
	0（重力盘基础）	404

图 4.4 给出了离心机试验加载后的试验模型（H-D5-t-L1）现象图，揭示了复合式桩 – 盘基础的破坏模式。由于桩长相对较小，复合式桩 – 盘基础在这种高荷载偏心率（M/H 比值）下表现为刚体破坏。试验中对重力盘前方的土体隆起现象进行了观测。重力盘前部嵌入土体至一定深度，后部则与下卧土体分离。上述现象表明，在水平加载过程中，复合式桩 – 盘基础模型的旋转和平移同时发生，这种现象与之前的研究结果一致[5, 6]。随着重力盘的转动，竖向应力在重力盘前侧下方发展，从而减小了传递到桩身的弯矩。作用在重力盘嵌入部分的被动土压力进一步增加了的水平抗力[7]。在外荷载作用下，基础结构水平变形主要由桩体转动和土体变形引起，其中重力盘不太可能发生太大的滑动。重力盘与土体接触面摩擦明显，因此重力盘转动中心几乎保持在原来的位置[8]。复合式桩 – 盘基础承载力并非传统单桩基础和重力盘基础极限承载力的简单代数求和，而是由这两部分协同承载以抵抗外部水平荷载[1]。

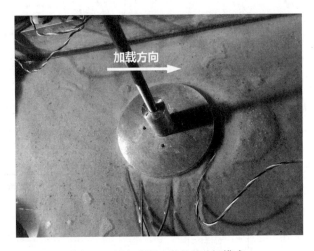

图 4.4　复合式桩 – 盘基础破坏模式

4.3　极限承载力影响因素分析

根据离心机试验测试结果，重力盘的加入显著增强了复合式桩 – 盘基础的水平承载性能。

本节对基础尺寸进行参数化研究,旨在评估基础几何形状对基础整体水平承载性能的影响机制。该分析有望为应用阶段的优化设计提供参考依据。

重力盘直径范围为 3 ~ 7m,重力盘厚度保持不变(0.95m)。基础极限承载力随重力盘直径的变化曲线如图 4.5 所示。结果表明,桩长越大,承载力越大。此外,极限水平承载力随着重力盘直径的增大而增大,并且提升幅度有加速的趋势。通过一系列承载曲线进行拟合,可以得到相关方程为

$$F_{\text{ult}} = a_1 b_1^{D_w} \qquad (4.1)$$

式中:F_{ult} 为极限水平承载力,kN;a_1、b_1 为承载力系数,其值列于表 4.3;D_w 为盘径,m。

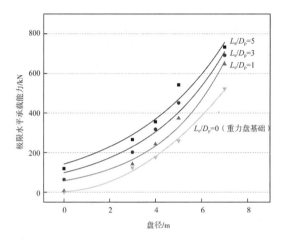

图 4.5 盘径对极限水平承载力的影响

表4.3 不同桩长下极限承载力与盘径间的承载力系数

L/D_p	a_1	b_1
0	38	1.5
1	63	1.4
3	99	1.3
5	142	1.3

通过增大重力盘直径,下卧土体受到的压缩作用更为显著,导致土体有效应力提升。沿桩长方向的水平土压力与沿桩周方向不同,这是由于土体表面的圆形加载区域提升了竖向应力的分布程度。同时,由于力臂较大,重力盘提供的恢复力矩增大,稳定性更好。上述两个因素同时发挥作用,有助于提高桩 – 盘复合式的水平承载力。重力盘直径大于 3m 时,改善效果最为明显,几乎是最长桩长的一半。相关研究表明,稳定基础的最佳宽度不小于墙体嵌固深度的 50%[9]。但是,盘径越大,排水路径越长,进而对超静孔隙水压力的累积产生不利影响[10]。离心机试验采用慢速加载来模拟拟静力情况,因此本书不考虑孔隙水压力的变化。目前设计中最大盘径限制在 $10D_p$ 以内,因此式(4.1)中 D_w 的有效范围为 0 ~ $10D_p$。

针对第二个影响因素,即重力盘厚度的影响,本节设计了一系列不同重力盘厚度的复合式桩 – 盘基础,其重力盘直径为 5m,重力盘厚度从 t 到 $3t$ 不等(t=0.475m)。这一系列试验模

型中重力盘与下覆土层具有相同的接触面积，而其自重依次增加。复合式桩−盘基础的水平承载力随盘厚线性提高，两者关系可表示为

$$F_{ult} = a_2 t + b_2 \qquad (4.2)$$

式中：a_2、b_2 为承载力系数，其值列于表4.4。

极限水平承载力−盘厚关系如图4.6所示。截距 b 表示单桩基础的极限承载力。斜率随着桩长的增加而增大，代表着盘厚的影响随着桩长的增加而趋于显著。较厚的重力盘对下卧土体提供了较大的预应力，使有效土应力增大，盘−土摩擦力随之提升。然而，虽然重力盘直径相同，盘厚对恢复力矩的提升效果并不能像盘径那样显著。因此，目前设计中重力盘厚度被限制在 $0.5D_p$ 以内。

表4.4　　　　　　　　　不同桩长下极限承载力与盘厚间的承载力系数

L/D_p	a_2	b_2
0	293	0
1	343	24
3	376	83
5	456	126

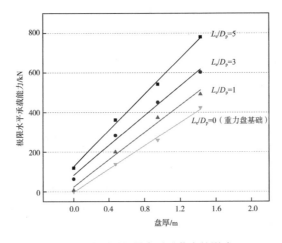

图4.6　盘厚对极限水平承载力的影响

基础极限承载力与桩长的关系，如图4.7所示。基础极限承载力随桩长上升线性增加，表示为

$$F_{ult} = a_3 \left(\frac{L}{D_p} \right) + b_3 \qquad (4.3)$$

式中：a_3、b_3 为承载力系数，其值列于表4.5和表4.6。对于相同厚度的重力盘，当重力盘直径小于5m时，桩长的影响趋于剧烈。之后，增加桩长对基础极限承载能力的提升效果逐渐减弱。在复合式桩−盘基础中，重力盘与单桩协同承载提供水平阻力。当重力盘直径不断增大时，重力盘占据承载主导地位。因此，为优化复合式桩−盘基础系统，建议重力盘直径不大于5m。对于相同直径的重力盘，曲线斜率随着重力盘厚度的增加而增大。

表4.5 不同盘径下极限承载力与桩长间的承载力系数

盘径 /m		0	3	4	5	7
承载力系数	a_3	25	29	35	53	37
	b_3	0	118	194	288	564

表4.6 不同盘厚下极限承载力与桩长间的承载力系数

盘厚 /m		0	0.475	0.95	1.425
承载力系数	a_3	25	44	53	73
	b_3	0	147	288	564

本节讨论了基础尺寸参数对基础极限水平承载能力的影响机理，包括重力盘直径、重力盘厚度和桩长。复合式桩–盘基础的极限水平承载力随着这些尺寸参数的增加而提高。其中，随着重力盘直径的增大，曲线的斜率增大。较大的重力和较大的旋转臂同时促进了重力盘对整体承载性能的提升效果。因此，增大盘径是优化复合式桩–盘基础性能最有效的途径。

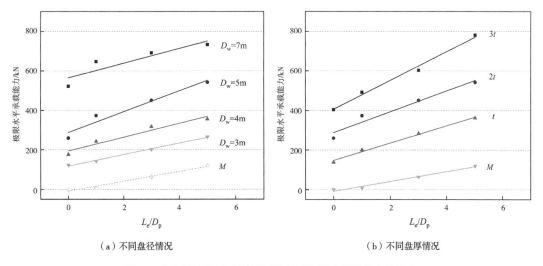

（a）不同盘径情况　　　　　　　　　　（b）不同盘厚情况

图 4.7　不同盘径和盘厚情况下桩长对极限水平承载力的影响

4.4　极限承载力评估

复合式桩–盘基础是一种将单桩基础和重力式基础相结合的复合体系。对于这两类传统基础形式，其分析方法相对成熟。因此，已有方法可用于建立复合式桩–盘基础的理论计算方法。

首先，通过将复合式桩–盘基础极限承载力与对应的单桩基础的承载力归一化来说明复合式桩–盘基础的优化效果。不同基础尺寸参数情况下复合式桩–盘基础极限承载力的归一化结果如图 4.8 所示。复合式桩–盘基础的归一化承载力随重力盘直径和厚度的增大而明显增大。当桩长较小时，改善效果更为明显，复合式桩–盘基础极限水平承载力可达单桩基础的 100 倍左右。这种改善作用随着桩长的增加趋于减弱。对于较长的桩，水平承载力相对较大，因此增加重力盘尺寸时基础极限承载力并没有表现出明显的提升效果。工程应用中，可以通过嵌岩的方法提高单桩基础的承载力，但施工成本会显著增加。复合式桩–盘基础在这些情况下显示了其承载优势。桩长的增加将受到土层条件的限制，而将重力盘安装在土体表面可以提供附加水平承载力。因此，为有效提升复合式桩−盘基础的水平承载力和承载效率，不建议通过增加桩长的方式提升基础承载能力。

其次，将复合式桩−盘基础的极限水平承载能力与对应重力盘基础的极限水平承载能力进行归一化。归一化结果如图 4.9 所示。这一归一化结果说明了复合式桩−盘基础对重力式基础的改进效果。对于每一种复合式桩−盘基础，极限承载能力的归一化结果随着桩长的增加而增加，并且增加趋势趋于减弱。当盘径小于 7m 时，复合式桩−盘基础表现出类似的增强效果。之后，提升效应明显下降。同时，这种影响随着重力盘厚度的增加而减弱。因此，建议对复合式桩−盘基础中的盘径和盘厚进行限制。重力盘尺寸的继续增大不利于进一步优化设计。

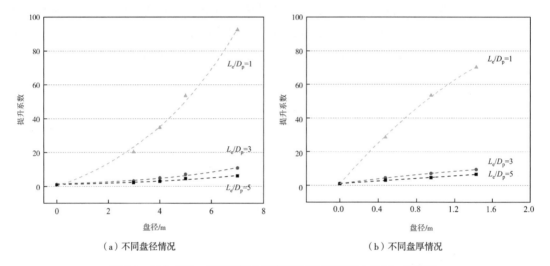

（a）不同盘径情况　　　　　　　　　　（b）不同盘厚情况

图 4.8　复合式桩−盘基础与对应单桩基础极限承载力的归一化结果

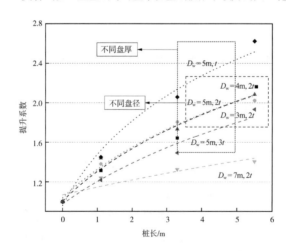

图 4.9　复合式桩−盘基础与对应重力盘基础极限承载力的归一化结果

相比于将单桩结构加在重力盘基础上，将重力盘结构加在单桩基础上的改善效果更为明显。在欧洲，单桩基础支撑的海上风电机组已安装海上风电机组的 87% 以上。因此，复合式桩−盘基础可以作为改善现有海上风电机组单桩式基础承载性能的一种创新方案。

复合式桩－盘基础与传统单桩基础和重力盘基础相比，水平承载力显著提升。因此，根据这两个分量之和来预测复合式桩－盘基础的承载力是可行的。首先，根据设计海上风电机组基础的 DNV 标准对单桩基础的水平承载力进行分析[11]。桩－土相互作用通常采用 p-y 方法进行计算，该方法已被广泛用于海上风电机组单桩基础水平承载特性的计算。p-y 曲线是基于 Winkler 方法发展起来的，该方法将土体离散为有限独立单元，各层由沿嵌入埋深方向的一系列非线性弹簧支撑[12]。对于桩顶任意外荷载，桩身位移与桩身应力之间的关系遵循以下微分方程：

$$E_p I_p \frac{\mathrm{d}y}{\mathrm{d}z^4} - p(y) = 0 \qquad (4.4)$$

式中：z 为沿桩深方向的深度，m；y 为桩的水平位移，m；$p(y)$ 为桩侧土反力，MN/m；$E_p I_p$ 为桩的抗弯刚度，MN·m²。将单桩基础的 p-y 方法计算结果与离心机试验结果绘于图 4.10 中。

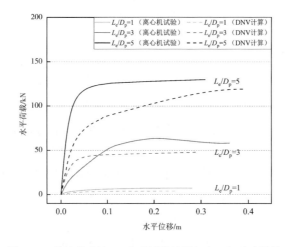

图 4.10　单桩基础的 p-y 方法计算结果与离心机试验结果

结果表明，p-y 方法计算得到的水平承载力在桩长较小时偏于保守，在桩长较大时偏于高估。同时，p-y 方法得到的承载曲线的初始刚度大于离心试验结果，且曲线趋于稳定的速度更快。这一现象与 DNV 规范方法的假设非常吻合[13]。DNV 规范方法由常规 p-y 曲线推导而来，更适用于长柔性桩。然而，用于海上风电机组的单桩基础通常直径较大，打桩长度相对较小。因此，应考虑作用在桩端的剪力作用。Prasad et al.[14] 对 p-y 曲线进行了修正，通过初步确定转折点，发展了一种计算短刚性桩极限水平承载力的理论方法，表达式为

$$F_{ult} = 0.24 \left[10^{(1.3\tan\varphi + 0.3)} \right] \gamma' x D_p \left(2.7x - 1.7L \right)$$

$$x = \left[\left(5.307L^2 + 7.29e^2 + 10.541eL \right)^{0.5} - \left(0.567L + 2.7e \right) \right] / 2.1996 \qquad (4.5)$$

式中：F_{ult} 为桩的极限承载力，kN；x 为沿桩长的转折点，m；L 为桩埋深，m；e 为偏心距，m；D_p 为桩径，m；γ' 为土体有效重度，kN/m³；φ 为土体摩擦角，（°）。

通过式（4.5）计算得到的单桩式基础的极限水平承载力列于表 4.7。结果表明，DNV 规范

方法更接近试验结果，因此建议在下文分析中采用 DNV 规范方法。重力盘会对下卧土体施加预应力，有效增强了作用在桩周的土压力。本次分析中不考虑所述土体强度的改善。

表4.7　　　　　　　　　　　　　　　　　单桩基础极限水平承载力

单桩埋深 /m	极限水平承载力 /kN		
	离心机试验结果	DNV 方法计算结果	短刚性桩
1.1	7	4	2
3.3	64	48	34
5.5	119	130	134

在设计重力式基础时，通过 DNV 标准评估了重力盘的最大水平阻力。首先，采用太沙基地基承载力公式计算地表处水平基底的竖向承载力。此外，还进行了极端偏心加载情况下的极限承载力计算。承载力确定为两次计算所得的较小值。浅基础设计建议取安全系数 1.2。

$$f_{ult} = qN_q + 0.5\gamma' b_{eff} N_r$$
$$f'_{ult} = \gamma' b_{eff} N_r$$
$$\min(f_{ult}, f'_{ult}) \geqslant 1.2 p_{max}$$
（4.6）

式中：f_{ult} 和 f'_{ult} 均为外部分布荷载，kN/m²；N_q 和 N_r 为承载力系数，其值与土体内摩擦角有关；q 为基础底面以上土体自重的等效均布超载，kN/m²；γ' 为土体有效重度，kN/m³；b_{eff} 为与偏心距有关的有效宽度，m；p_{max} 为极限外部分布荷载，kN/m²。

本节中重力式基础竖向承载力的设计依据第一破坏准则。在分析中，通过水平荷载的加载点与盘径的对比情况，确定为大偏心加载情况；通过水平承载能力计算所使用的转换偏心距；之后，可以计算作用在下覆土层上的竖向应力，其应小于竖向承载力。此外，当重力盘受到水平荷载时，需要考虑滑动阻力，表示为

$$H \leqslant rV \tan\varphi$$
（4.7）

式中：H 代表水平滑动力，kN；r 为描述土与结构交界面的摩擦系数，对于铝−砂接触面，建议取值为 0.3 [15, 16]；V 为总竖向荷载，kN；φ 为土体摩擦角，（°）。

重力盘的极限水平承载力列于表 4.8。计算结果与试验结果在小重力盘直径时达到较好的一致性，随着重力盘直径的增加，两者之间的差异变得更加显著。同时，当重力盘厚度增加时，这种差异更加明显。p-y 法计算结果对重力盘直径较为敏感。在计算中改变重力盘厚度并不会给基础水平承载力带来明显的影响，但试验结果的差异较为明显。因此，当重力式基础具有相同的盘径但盘厚可变时，应引起特别注意。在高荷载偏心率（M/H 比值）的水平荷载作用下，重力盘和复合式桩−盘基础表现出不同的破坏模式。复合式桩−盘基础倾向于同时表现出旋转和平移，而重力盘则更容易发生平移 [5]。当重力盘直径增大时，偏心距的影响变得更加明显。DNV 方法在计算复合式桩−盘基础极限水平承载能力时提供了一种可能的解决方案。然而，所述方法并没有充分考虑单桩与重力盘之间的相互作用。因此，下文引入尺度因子来克服这一偏差。

叠加法通过对单桩基础和重力盘基础极限水平承载力的代数和进行折减来评估复合式桩−盘基础的极限水平承载力。无量纲的尺度因子列于表 4.9 中，其表示复合式桩−盘基础的极限水平承载力与单桩基础和重力盘基础极限水平承载力的代数和的比值。在大多数情况下，单桩

与重力盘存在协同承载特性，从而增强了各构件的水平承载能力。复合式桩 – 盘基础的水平承载力约等于或大于单桩和重力盘的极限水平承载力之和。对于重力盘而言，单桩的抗拉能力增大了重力盘与土体的有效面积。同时，重力盘能够减小传递到桩身上的力矩。因此，复合式桩 – 盘基础在抵抗水平荷载方面表现出更高的能力。为了分析复合式桩 – 盘基础的承载性能，尺度因子随桩长的变化规律如图 4.11 所示。桩长增加时，尺度因子并无明显变化。

表4.8 　　　　　　　　　　　　　　　　　　**重力盘基础极限水平承载力**

单桩埋深 /m	极限水平承载力 /kN	
	离心机试验结果	DNV 计算结果
W-D3-2t	123	126
W-D4-2t	176	207
W-D5-2t	260	277
W-D7-2t	522	414
W-D5-t	138	274
W-D5-3t	404	282

表4.9 　　　　　　　　　　　　　　　　　　**复合式桩–盘基础尺度因子**

桩长 /m	尺度因子					
	H-D3-2t	H-D4-2t	H-D5-2t	H-D7-2t	H-D5-t	H-D5-3t
1.1	0.95	0.92	1.04	1.20	0.56	1.35
3.3	1.04	1.03	1.12	1.19	0.71	1.48
5.5	0.96	0.91	1.12	1.10	0.75	1.59

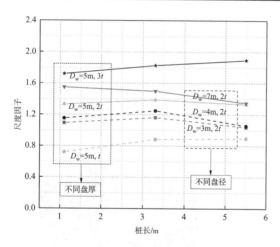

图 4.11　尺度因子随桩长的变化规律

　　相反，尺度因子随重力盘尺寸增加呈现明显的改善效果，如图 4.12 所示。将尺度因子与盘径和盘厚进行线性拟合。结果表明，盘厚增加时尺度因子的提升幅度更为明显。随着重力盘直径的增大，重力盘提供的恢复力矩提高，有效提升了桩 – 盘相互作用。对于较小的重力盘直径（3m 和 4m），尺度因子在某些情况下小于 1；然而，当重力盘直径大于 5m 时，尺度因子转变为大于 1。对于 $t = 0.475m$ 的小盘厚情况，尺度因子远小于 1，表明此时各部件间没有充分地相互作用。在复合式桩 – 盘基础试验模型中，重力盘与单桩的连接方式为摩擦接触，并非固定连接。当盘厚较大时，桩 – 盘接触面积较大，有利于提升两者之间的荷载传递效率。因此，

在盘厚为 $3t$ 情况下，尺度因子显著增大。

图 4.13 将尺度因子的设计取值规律以 3D 的方式呈现。在海上风力发电机组的设计阶段，首先根据初步计算假定基础的尺寸，然后对该方案进行极限水平承载能力和变形验算。在复合式桩 – 盘基础承载力设计中，单桩和重力盘的承载力首先按之前所述的 DNV 方法进行初步计算，尺度因子根据图 4.13 确定；然后，对复合式桩 – 盘基础的水平承载力进行评估；最后，根据水平承载力评估结果对基础的尺寸进行优化，直到最接近预期结果。该方法可以在利用传统理论解决新问题时进行有效的分析计算，从而促进了这种新型复合式桩 – 盘基础的工程应用。

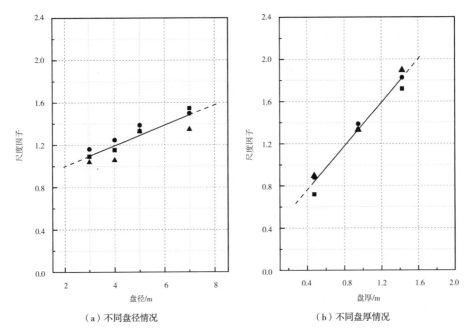

（a）不同盘径情况　　　　　　　　（b）不同盘厚情况

图 4.12 尺度因子随盘径和盘厚的变化规律

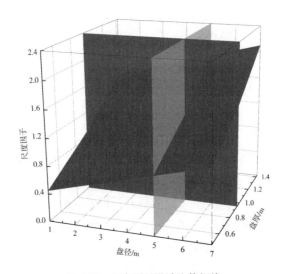

图 4.13 尺度因子设计取值规律

4.5　小结

本章对砂土中复合式桩－盘基础进行了参数化研究，考虑桩长、盘径和盘厚的影响，进行了一系列离心机试验。对这些影响因素进行系统性评估，并给出设计建议。为说明新型复合式桩－盘基础的承载优势，将复合式桩－盘基础与传统基础进行对比，提出了利用传统理论设计方法估算新型复合式桩－盘基础水平承载力的分析方法。针对影响因素总结出尺度因子设计取值规律。本章得出以下结论：

（1）与传统单桩基础和重力盘基础相比，复合式桩－盘基础具有更大的水平承载力。在水平荷载作用下，复合式桩－盘基础的承载主导权由重力盘向桩体转变。

（2）复合式桩－盘基础的破坏模式包括转动和平动。单桩和重力盘协同承载以抵抗外部荷载，但其极限承载能力并非单桩基础和重力盘基础极限水平承载能力的简单相加。

（3）桩－盘复合式的水平承载力随着盘径的增大而增加，并且增加幅度有加速的趋势。极限水平承载能力随重力盘厚度的增大而线性增加。增大重力盘直径比增大重力盘厚度对复合式桩－盘基础极限水平承载能力的改善效果更为显著。

（4）复合式桩－盘基础水平承载力随桩长增加线性增长，这种改善在重力盘直径小于 7m 时更为明显。

（5）将复合式桩－盘基础的极限水平承载能力与单桩基础极限水平承载力进行归一化处理。重力盘对单桩基础的增强作用在桩长较小时更为显著。复合式桩－盘基础是限制桩长继续增加的有效设计方法。

（6）使用重力盘基础的极限水平承载力对复合式桩－盘基础极限水平承载力进行归一化处理。这种改善随着桩长的增加而增大，但增大幅度有所减弱，因此不建议继续增加重力盘直径。

（7）通过折减单桩基础和重力盘基础极限水平承载力的代数和来评估复合式桩－盘基础的极限水平承载力。通过考虑不同的基础尺寸，总结了尺度因子的变化规律。该方法在复合式桩－盘基础的初始设计阶段是有效的。

参考文献

［1］Chen W Y, Wang Z H, Chen G X, et al. Effect of vertical seismic motion on the dynamic response and instantaneous liquefaction in a two-layer porous seabed[J]. Computers and Geotechnics, 2018, 99: 165-176.

［2］Li X, Zeng X, Wang X. Feasibility study of monopile-friction wheel-bucket hybrid foundation for offshore wind turbine[J]. Ocean Engineering, 2020, 204: 107276.

［3］Villalobos Jara F, Jara F A V. Model testing of foundations for offshore wind turbines[D]. Oxford University, UK, 2006.

［4］Achmus M, Akdag C T, Thieken K. Load-bearing behavior of suction bucket foundations in sand[J]. Applied Ocean Research, 2013, 43: 157-165.

［5］ Yang X，Zeng X，Wang X，et al. Performance and bearing behavior of monopile-friction wheel foundations under lateral-moment loading for offshore wind turbines[J]. Ocean Engineering，2019，184：159-172.

［6］ Chen D，Gao P，Huang S，et al. Static and dynamic loading behavior of a hybrid foundation for offshore wind turbines[J]. Marine Structures，2020，71：102727.

［7］ Pedram B. A numerical study into the behaviour of monopiled footings in sand for offshore wind turbines[D]. University of Western Australia，2015.

［8］ Yang X，Zeng X，Wang X，et al. Performance of monopile-friction wheel foundations under lateral loading for offshore wind turbines[J]. Applied Ocean Research，2018，78：14-24.

［9］ Powrie W，Chandler R J. The influence of a stabilizing platform on the performance of an embedded retaining wall：a finite element study[J]. Geotechnique，1998，48（3）：403-409.

［10］ Wang X，Zeng X，Li X，et al. Liquefaction characteristics of offshore wind turbine with hybrid monopile foundation via centrifuge modelling[J]. Renewable Energy，2020，145：2358-2372.

［11］ Van Der Tempel J. Design of support structures for offshore wind turbines[M]. Department of Offshore Engineering，Delft University of Technology，The Netherlands. 2006.

［12］ Carswell W，Arwade S R，DeGroot D J，et al. Soil–structure reliability of offshore wind turbine monopile foundations[J]. Wind Energy，2015，18（3）：483-498.

［13］ Lehane B M，Schneider J A A，Xu X. A review of design methods for offshore driven piles in siliceous sand[R]. University of Western Australia Geomechanics Group，Report No. GEO：05358，Sept 2005.

［14］ Prasad Y V S N，Chari T R. Lateral capacity of model rigid piles in cohesionless soils[J]. Soils and Foundations，1999，39（2）：21-29.

［15］ States U .Foundations and earth structures[M]. America：Naval Facilities Engineering Command，1982.

［16］ Uesugi M，Kishida H. Influential factors of friction between steel and dry sands[J]. Soils and Foundations，1986，26（2）：33-46.

第5章 典型地震荷载作用下复合式桩–盘基础动力响应特性

5.1 引言

新一代海上风电机组的建设可能位于地震活跃地区。地震过程中可能会引发土体液化现象，并将导致海上风机的严重破坏。因此，需要重点研究海上风机结构的地震响应特性以及土结相互作用机理。本章通过一系列离心机试验研究了新型复合式桩–盘基础的地震响应。论证了海上风机上部结构、基础及土体组合体系的抗震性能。考虑重力盘厚度和直径的影响，对5个不同尺寸的复合式桩–盘基础模型进行了试验分析，并对一个单桩基础进行了对比试验。离心机试验结果表明，复合式桩–盘基础有效地减小了地震过程中海上风机结构的水平位移。在饱和土体条件下，基础周围土体的承载强度和变形刚度得以保持。由于重力盘直径的增加，在土结相互作用下会产生较大的水平剪应力，复合基础体系更倾向于产生沉降变形。重力盘厚度越大，基础结构水平位移越小，因此地基土体的液化概率越低，但会加剧沉降现象。重力盘直径较大的基础体系为地基土体超孔隙水压力提供了更长的排水路径。因此，在质量相近的情况下，大直径重力盘基础结构在地震中沉降更小。

5.2 离心机试验结果

5.2.1 干燥试验

5.2.1.1 基础尺寸影响

地震过程中记录的6个试验模型的加速度时程曲线如图5.1所示。对于每个试验模型，记录三个位置的加速度变化，分别为靠近桩（ACC1）、靠近重力盘边缘（ACC2）和自由场（ACC3）。试验结果表明，各模型在3个水平测点处的加速度时程曲线形状相似，峰值均在0.3g左右，且6个模型之间并无明显差异。在振动过程中，不考虑结构影响，因此剪切波可以在土层中有效传播。与输入地震波相比，加速度峰值并没有出现严重的降低，表明土体可保持其强度和刚度。复合式桩–盘基础与传统基础形式相比，并没有表现出明显的差异，不同的重力盘尺寸对土体在干燥状态下地震响应的影响也并不显著。

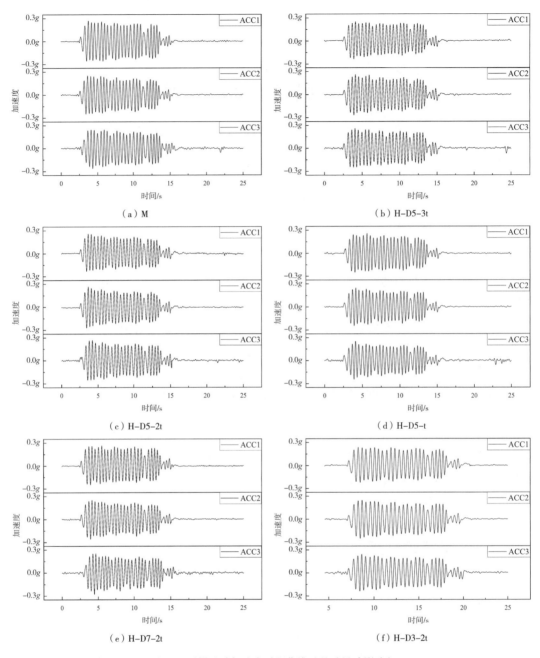

（a）M　　　　　　　　　　　　（b）H-D5-3t

（c）H-D5-2t　　　　　　　　　　（d）H-D5-t

（e）H-D7-2t　　　　　　　　　　（f）H-D3-2t

图 5.1　干燥试验加速度时程曲线（基础尺寸影响）

地震过程中，海上风电机组结构对水平变形较为敏感。6 个模型的水平位移时程由固定在塔柱的 LVDT 记录。为了清晰地展示不同模型的地震响应，将不同尺寸的试验模型水平位移绘制在图 5.2（a）中。图 5.2（b）为相同试验数据的缩放版本，其重点关注地震动响应的前期阶段。6 个模型的水平位移在第 1 次加载循环后即开始累积，且增长速率与时间大致呈线性关系。到达平台期后，水平位移出现小幅度跳动。具体来说，单桩基础在振动过程中的累积速率最大，其水平位移迅速超过复合式桩-盘基础。最后，单桩基础也将产生最大的水平位移。相比之下，复合式桩－盘基础的位移累积速率比单桩基础小得多，总变形也相对较小。重力盘的加入将在桩头产生额外的恢复力矩来抵抗上部结构引起的静、动剪应力，并且作用在重力盘埋入部分的被动土压力将为基础提供额外的水平抗力[1]。因此，复合式桩－盘基础在地震过程中表现出更好的水平承载稳定性。

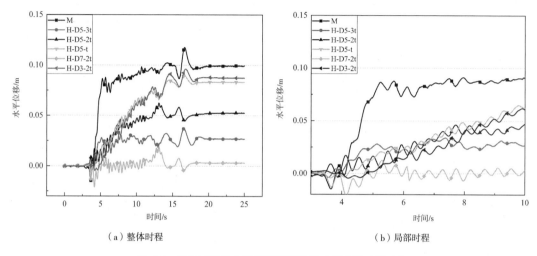

（a）整体时程　　　　　　　　　　　（b）局部时程

图 5.2　干燥试验的水平位移时程曲线（基础尺寸影响）

海上风电机组的地震响应受基础特性影响较大。在特定变化阶段的水平位移时程曲线中，5 种复合式桩－盘基础在初始阶段表现出相似的小变形振荡，随后表现出不同的增长速率和峰值。重力盘直径和质量最大的 H-D7-2t 模型最终位移最小，稳定速率最快，同时，H-D3-2t 模型的水平位移在整个振动过程中不断累积，在强震动结束后位移速率明显减小；最终，此模型达到最大水平变形。一般而言，重力盘重量和直径较大的复合式桩－盘基础在地震过程中发生水平破坏的可能性较小。具体来说，模型 H-D5-3t，H-D5-2t 和 H-D5-t 具有相同的重力盘直径 5m，但重力盘的厚度范围为（1～3）t。3 种模型与土体接触面积相同，因此自重是影响其水平变形的主导控制因素。正如预期的那样，较厚的重力盘会产生较小的水平位移，并且更快地达到平台期。重力盘厚度相同但直径不同的模型 H-D7-2t、H-D5-2t 和 H-D3-2t，其最终水平变形的差距更为明显。除重量影响外，还涉及重力盘直径的影响。接触面积的增大将提高土体承载应力提供的恢复力矩。

分别在试验前、后测量每个模型中所述的 3 个位置的沉降，如表 5.1 所示。在没有重力盘的情况下，单桩在位置 1 处测量的是土体表面的沉降。在结构影响和边界效应最小化的自由场中，所有试验模型的沉降相似。在无排水的干燥条件下，沉降主要归因于土体密实化和土颗粒重新排列。在另外两个位置，由于土结相互作用引起的基础静力和循环承载能力，复合式桩－盘基础的沉降明显大于单桩基础。因此，单桩基础周围测得的沉降量不到复合式桩－盘基础的一半。在重力盘以及上部结构引起的静态剪应力作用下，土体很可能向远离基础底部的水平方向发生变形。同时，基础周围在循环剪应力作用下产生了累积沉降。从加速度时程中可以看出，土体在振动过程中强度得以保持，因此沉降相对较小。通过对比不同复合式桩－盘基础模型的沉降量可以发现，重量越大的试验模型产生的沉降量也越大。较重的结构将经受较大的静态或循环剪应力和力矩作用，从而加剧了土体变形。对于相似的模型重量，直径较大的重力盘由于转动刚度较高，倾向于减小土结相互作用引起的沉降，但这种现象在干燥试验中并不明显。因此，基础结构重量是主导影响因素。

表5.1　　　　　　　　　　　　　　干燥试验的沉降（基础尺寸影响）

模型编号	沉降量/m		
	测量位置1	测量位置2	测量位置3
M	0.070	0.070	0.050
H-D5-3t	0.190	0.175	0.070
H-D5-2t	0.175	0.150	0.065
H-D5-t	0.155	0.135	0.040
H-D7-2t	0.205	0.210	0.055
H-D3-2t	0.145	0.140	0.045

5.2.1.2　重力盘类型影响

图 5.3 研究了不同重力盘类型的土体加速度时程曲线，在干燥条件下，自由场处的土体加速度时程曲线表现出与输入地震动相似的形状，且这一现象在 5 个试验模型中均有发生。试验过程中没有观察到明显的加速度下降趋势，证明土体在振动期间保持其强度和刚度。ACC2 和 ACC3 的记录与 ACC1 保持相似的形状。结构周围土体响应与自由场中土体响应无明显差异。因此，重力盘类型的不同不太可能引起土体在干燥条件下地震响应的变化。

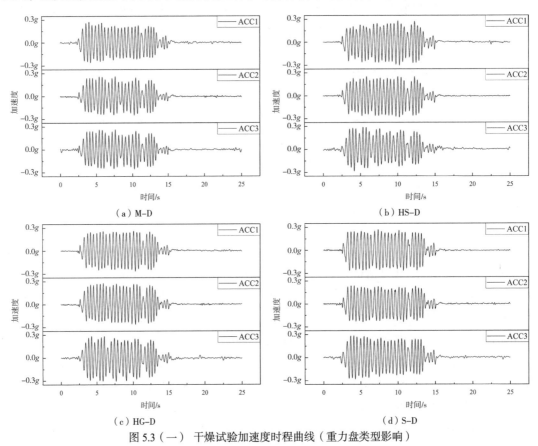

图 5.3（一）　干燥试验加速度时程曲线（重力盘类型影响）

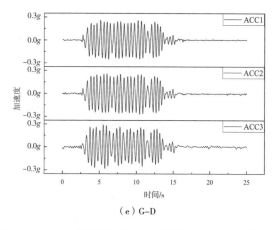

（e）G-D

图 5.3（二）　干燥试验加速度时程曲线（重力盘类型影响）

不同重力盘类型水平位移时程如图 5.4（a）所示。图 5.4（b）给出了相同试验数据的局部时程曲线，但重点关注强震动的早期阶段。水平位移在振动过程中随时间以近似线性的方式累积。在局部时程曲线中，单桩基础和两种复合式桩-盘基础均表现出明显的摇摆变形。而对于两种重力盘基础，其水平位移增加较快，且并没有表现出太大的振荡。碎石重力盘比钢制重力盘具有更大的极限水平变形，但其初始累积速率较小。钢制重力盘重量较大，导致其具有较大的恢复力矩来抵抗地震破坏。碎石重力盘内充满散乱碎石，剪切波在其中传播较慢。因此，虽然钢制重力盘相比碎石重力盘变形更快，其更早达到平台，这一情况同样发生在单桩-钢制重力盘基础和单桩-碎石重力盘基础的结果对比中。与传统单桩基础相比，复合式桩-盘基础水平位移较小，但时程曲线形状相似。重力盘的加入为单桩基础提供了额外的转动刚度，极大地增强了结构的稳定性。同时，复合式桩-盘基础与对应的重力盘基础相比，其水平位移降幅达到 50% 左右，说明桩体在抵抗剪力引起的弯矩方面是有效的，因此对重力盘基础水平稳定性的改善更为显著。

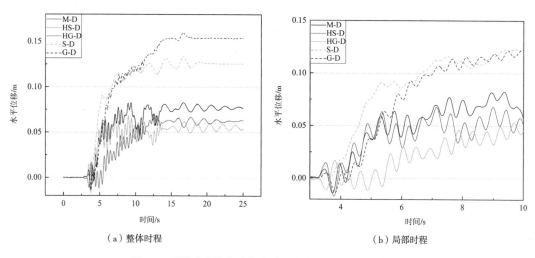

（a）整体时程　　　　　　　　　　（b）局部时程

图 5.4　干燥试验的水平位移时程曲线（重力盘类型影响）

5 个模型在 3 个位置测量的沉降值汇总于表 5.2。在不考虑结构和边界条件的自由场中，所有试验的沉降都是相似的。M-D 试验列出的沉降为单桩基础周围地表沉降的测量值,其数值与自由场相似。这些沉降主要是由震动过程中土体的密实化所产生的。另外四个基础形式由于土结相互作用引起的较大静力和循环荷载,使得基础沉降增加。基础与土体之间不同的横向惯性力将对重力盘下方土体产生扰动,使得周围产生更多的沉降。此外,与单桩–碎石重力盘基础相比,单桩–钢制重力盘基础将产生更大的沉降,这是由于其较大的重量使得土体受到更多的扰动和压缩。类似的情况同样发生在试验 S-D 和试验 G-D 之间。一般来说,与相应的重力盘基础相比,复合式桩–盘基础的沉降较小。由于单桩与重力盘之间的相互作用,桩在复合体系中可以为结构提供更多的支撑。

表5.2　　　　　　　　　　　　　　干燥试验的沉降量(重力盘类型影响)

模型编号	沉降量 /m		
	测量位置 1	测量位置 2	测量位置 3
M-D	0.05	0.05	0.045
HS-D	0.125	0.115	0.04
HG-D	0.105	0.1	0.04
S-D	0.185	0.14	0.05
G-D	0.155	0.13	0.045

5.2.2　饱和试验

5.2.2.1　干燥和饱和试验对比

在饱和试验中,超静孔隙水压力的产生使土体响应和土结相互作用复杂化。地表和结构响应通过 ACC、PPT 和 LVDT 进行密切监测,从而深入了解土体失效机理以及对结构承载特性的影响。如图 5.5 和图 5.6 所示,将干燥和饱和试验的结果绘制在一起,以显示流体的影响。选取单桩基础和一种复合式桩–盘基础模型(H-D5-3t)进行对比分析。在图 5.5 和图 5.6 的加速度时程曲线图中,存在饱和试验的峰值加速度远小于干燥试验的现象,尤其是对于单桩基础而言。在饱和试验中,土颗粒试图挤压两者之间的水分,导致孔隙水压力增大。因此,土体中的有效应力减小,土体的强度和刚度因超孔隙水压力的上升而降低。软土由于剪切模量较小,

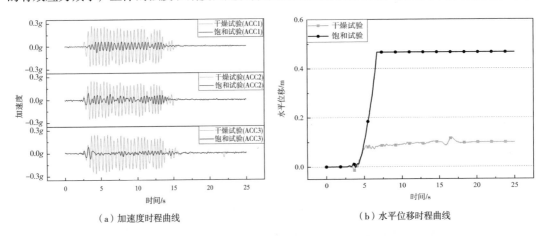

|（a）加速度时程曲线　　　　　　　　　　（b）水平位移时程曲线|

图 5.5　单桩基础干燥试验和饱和试验的结果对比

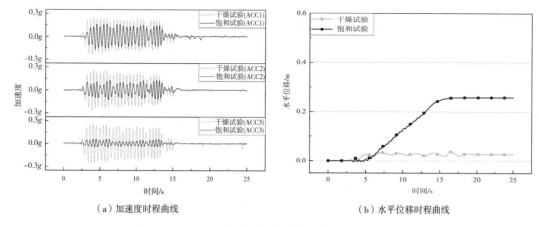

（a）加速度时程曲线 （b）水平位移时程曲线

图 5.6 复合式桩 – 盘基础干燥试验和饱和试验的结果对比

并不能作为循环剪切波传播的良好介质。因此，与输入地震动和干燥试验相比，饱和试验中记录的加速度明显减弱。同时，饱和试验中记录的水平位移明显大于干燥试验。软土提供的水平反力作用减小，超孔隙水压力的产生也加剧了沉降，如表 5.3 所示。因此，随着孔隙水的加入，无论是单桩基础还是复合式桩 – 盘基础，土体的强度和刚度都趋于减弱，加剧了地震作用下的破坏现象。

表5.3 　　　　　　　　离心机干燥试验和饱和试验的沉降结果对比 　　　　　　　　单位：m

测量位置	单桩基础沉降量		复合式桩 - 盘基础沉降量	
	干燥试验	饱和试验	干燥试验	饱和试验
测量位置 1	0.070	0.105	0.190	0.265
测量位置 2	0.070	0.120	0.175	0.235
测量位置 3	0.050	0.115	0.070	0.110

5.2.2.2　基础尺寸影响

图 5.7 描述了 6 个模型在地震过程中记录的超孔隙水压力比时程变化曲线，分别展示了基础下方、基础附近和自由场中超孔隙水压力的产生和消散过程。超孔隙水压力在地震激励后迅速增大并维持其峰值至强震结束。之后，由于重力盘尺寸的影响，超孔隙水压力以不同的速率降低。当孔隙水压力比达到 1 时，土体发生液化，此时土体完全丧失承载能力。图 5.8 显示了与 PPT 成对安装的 ACC 记录的时间历程曲线。ACC 有助于监测与 PPT 相对应的土体响应。在自由场中，所有模型的孔隙水压力比在振动过程中都达到 1，表明在没有结构扰动的情况下，土体液化发生在位置 3。试验中 ACC3 的记录进一步印证了这一现象；加速度时程与峰值小于0.1g 的地震动相比明显减小。相比之下，其他两个监测点的土体响应表现出明显不同的趋势。超孔隙水压力的变化程度受围压和上部结构引起的静、动剪应力的影响较大。土体软化程度和水流消散方向受地基特性影响。对于单桩基础，PPT1 和 PPT2 表现出与 PPT3 相似的形状和峰值，证明了桩周土体液化的发生。同时，3 个位置的加速度时程表现出相似的形状，并有明显的减小。单桩基础对其周围土体的影响较小，使得其土体破坏模式与自由场相似。对于复合式桩 – 盘基

础，如图 5.7（b）~（f）所示，基础周围的孔隙水压力比远小于自由场，且桩周（位置 1）的液化倾向比重力盘边缘（位置 2）更低。重力盘将使得土层承受更高的围压，从而增强了砂土的强度和抵抗孔隙水压力的能力，使得振动荷载不足以克服这种较高的阻力。复合式桩 – 盘基础中 ACC1 和 ACC2 的记录与 PPT 记录的结论一致，其加速度的减小幅度远小于自由场，特别是降幅为 0.15g 的 ACC1。地震过程中复合式桩 – 盘基础下方或附近土体不发生液化。因此，与传统单桩基础相比，复合式桩 – 盘基础有利于减少下覆土层的液化概率，从而表现出更好的抗震稳定性。

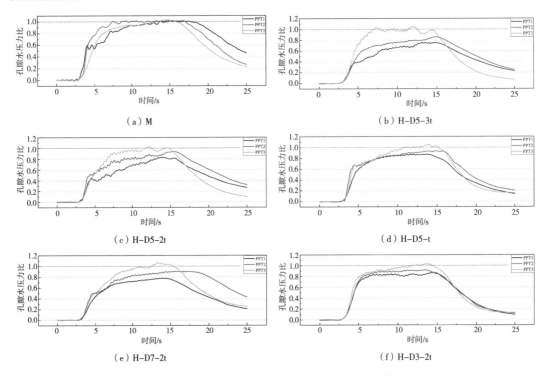

图 5.7　饱和试验超孔隙水压力时程曲线（基础尺寸影响）

基础周围孔隙水压力比和液化倾向性较低，但超孔隙水压力的消散速率较自由场缓慢。假定饱和砂土在地震过程中的地震反应处于完全不排水条件，然而，这种设计方法忽略了重要的机制，并且错误地描述了液化的后果[2]。研究证明，局部排水现象伴随超孔隙水压力的产生同时发生，并以三维的方式在响应瞬态水力梯度处发生消散[3]。在振动过程中，较大的水力梯度在竖直向上至地表和水平向远离地基的方向形成。但由于重力盘的约束作用，竖直向上的孔隙水压力消散较慢，而孔隙水压力在水平方向上趋于稳定。强震后，由于没有产生明显的超静孔隙水压力，三维水力坡降在峰值附近，超孔隙水压力比减小。重力盘向自由场下方形成较大的横向水流，但垂向方向孔隙水压力消散不剧烈。因此，超孔隙水压力在基础下方或附近消散需要更长的时间。此外，观察到 PPT1 比 PPT2 耗散得更快，因此重力盘下部土体与周围土体相比，可以更快地恢复强度。重力盘作用下孔隙水压力比值较小，但由于围压较高，超静孔隙水压力绝对值较大，水平水流从 PPT1 流向 PPT2，导致位置 2 处保留了较多的超静孔隙水压力。

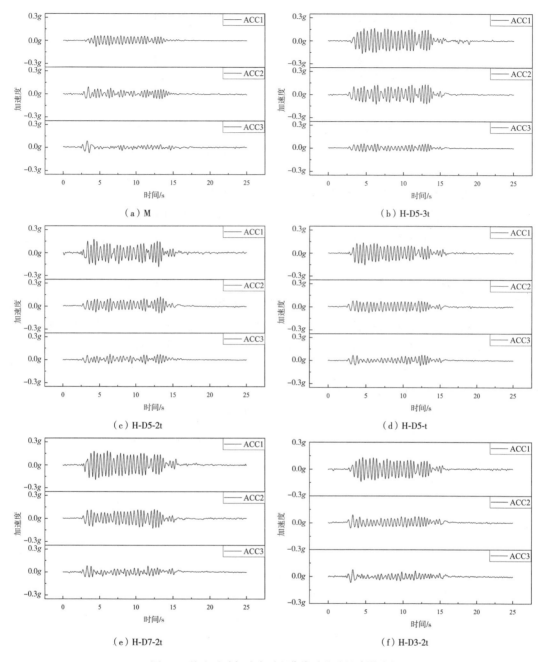

图 5.8 饱和试验加速度时程曲线（基础尺寸影响）

复合式桩－盘基础的特性对基础结构下方及周围土体的地震响应影响很大。对于模型 H-D5-3t、H-D5-2t 和 H-D5- t，随着重力盘厚度的增加，PPT1 和 PPT2 所记录的比值有减小的趋势。三种模型的重力盘直径相同，主要影响因素为自重。对于相同的接触面积，基础重量的增加相当于增加了作用在土层上的接触压力，从而加固了地基土体。对于相同的地震动，随着围压的增大，土体具有更好的强度和刚度保持能力。对比模型 H-D7-2t、H-D5-2t 和 H-D3-2t 时并非只考虑重量，同时考虑重力盘直径的影响。大直径复合式桩－盘基础有可能获得较小的孔隙水压力比，但消散速率较慢。较大的重力盘直径降低了地震引起的孔隙水压力从地基下方快速消散的能力。水平流动在地基下方形成并向自由场运动；因此，直径较大的重力盘会获得更长的排水路径进行消散，使得更多的超孔隙水压力在基础周围土体中得以维持。较大的重力盘与土层的接触面积较大。较长时间的变形路径很难将土体向外推移以适应水平稳定性。因此，对于直径最小的模型 H-D3-2t，超孔隙水压力以相似的速率消散。

图 5.9（a）描述了饱和试验中记录的水平位移时程曲线。将 6 个模型的结果绘制在一起，局部放大后的时程曲线如图 5.9（b）所示，从而重点关注激励的早期阶段。水平位移随时间呈线性增长，但增长速率明显不同。单桩基础很快达到记录极限，预示着倾斜破坏的发生。对于复合式桩−盘基础，模型 H-D5-3t 和模型 H-D7-2t 的水平变形远小于其他试验模型，且在振动结束时累积速率显著降低。所有的水平位移都远大于相应的干燥试验。在饱和试验中，无论液化与否，孔隙水压力的产生都会使土体软化，从而使地基下方土体提供的水平反力变小。水平位移的局部放大时程曲线表明，6 个模型在 4.5s 之前的初始阶段位移相似。由图 5.7 可知，此时超静孔隙水压力尚未达到峰值，土体强度足够维持结构稳定。之后，土体强度趋于减弱，使得基础结构特性的影响更加强烈。单桩基础以最大的累积速率达到水平破坏，且明显快于复合式桩−盘基础。在没有重力盘的情况下，桩周土体在地震过程中很快丧失强度。相比之下，复合式桩−盘基础的累积速率要平缓得多。重力盘为单桩基础提供了额外的恢复力矩，并对盘下土体进行了加固。对于复合式桩−盘基础，较重和较大直径的重力盘可以有效降低累积水平位移。较大的接触面积使得重力盘在桩头产生的恢复力矩增大，减小土结相互作用引起的水平变形，较重的重力盘可以产生较大围压，有利于加固地基土体。

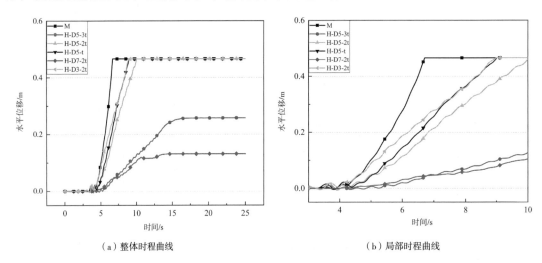

（a）整体时程曲线　　　　　　　　　　（b）局部时程曲线

图 5.9　饱和试验的水平位移时程曲线（基础尺寸影响）

饱和试验中 6 个模型的沉降值列于表 5.4。饱和试验记录的沉降量约为干燥试验的 2 倍。地震引起的超孔隙水压力导致土体强度减弱，从而加剧了基础沉降。对于单桩基础，在自由场中测量的沉降与在位置 1 和位置 2 测量的沉降相似。在不受结构影响的情况下，这些沉降主要是部分排水循环荷载造成，超孔隙水压力消散也会引起沉降和固结。对于复合式桩−盘基础，基础（位置 1）沉降大于邻近地表（位置 2），而基础邻近地表（位置 2）的沉降大于自由场（位置3）。虽然复合式桩–盘基础下方及附近的孔隙水压力比值较低，但围压越大，产生超孔隙水压力的可能性越大，从而加剧沉降。

表5.4   饱和试验的沉降（基础尺寸影响）

模型编号	沉降量 /m		
	测量位置1	测量位置2	测量位置3
M	0.105	0.120	0.115
H-D5-3t	0.265	0.235	0.110
H-D5-2t	0.245	0.215	0.130
H-D5-t	0.220	0.210	0.120
H-D7-2t	0.270	0.230	0.130
H-D3-2t	0.205	0.195	0.100

孔隙水向外流动会导致更大的局部体积沉降；结构产生的静剪应力驱动土体向远离地基的水平方向变形。SSI引起的循环剪应力对下卧土体产生扰动，导致累积沉降。而且，较重的基础结构由于向下传递的应力较大，往往会引起较大的沉降。

5.2.2.3 重力盘类型影响

对于单桩基础，在振动过程中，基础周围发生液化。单桩不会对周围土体产生显著影响，因此其地震响应类似于不受结构影响的自由场。对于两种复合式桩–盘基础和两种重力盘基础，在靠近桩基的基础下方（位置1）以及基础边缘（位置2）处，液化倾向显著减小。重力盘对土体施加较高的围压，使其有效压力得到增强。因此，地震能量不足以引起这些位置的液化。试验均为不完全排水循环试验，且排水随震动立即开始。土体中形成较大的水平水力梯度，并指向结构向外的自由场。对于复合式桩–盘基础和重力盘基础，由于其排水路径较长，存在PPT1比PPT2消散慢的趋势。同时，与自由场相比，基础周围的加速度时程更加剧烈，这与PPTs的结果吻合较好。重力盘的引入减弱了液化倾向。

复合式桩–盘基础和重力盘基础在振动过程中土体的地震响应没有明显差异，见图5.10和图5.11。PPT和ACC在对应位置的变化趋势相似。然而，重力盘材料的确会影响土体行为。钢制重力盘重量较大，因此重力盘对同一土体响应区域施加的围压较高。土体中的有效应力及其抵抗孔隙水压力产生的能力增强。然而，对比两种重力盘的PPT1和PPT2记录可以发现，钢制重力盘的孔隙水压力比并没有明显偏小。较重的结构虽然为土体提供了更多的围压，但在地震过程中将产生更大的地基诱发静、动剪应力。土结相互作用加剧了孔隙水压力。此外，分散的碎石使得超孔隙水压力除了水平消散外，还可以垂直向上消散。因此，碎石重力盘试验孔隙水压力的耗散更快。振动过程中发生的排水行为使得碎石重力盘承受的最大孔隙水压力下降趋势更快。因此，重力盘类型对孔隙水压力累积的影响较为复杂，其高度依赖于基础重度和材料。

为描述地震过程中结构的地震响应，将水平变形时程和放大后的时程绘制在图5.12中。水平位移在地震初期开始积累。对于单桩基础、单桩–碎石重力盘基础和碎石重力盘基础，在振动过程中水平位移均达到极限测量范围。对于钢制重力盘基础和单桩–钢制重力盘基础，其累积速率在地震结束时急剧减小，震后可忽略不计，说明震后对海上风机结构的承载影响可以忽略。上述两种基础的最终水平位移均较小，尤其是单桩-钢制重力盘基础，其经历了双向位移，表明结构出现摇摆运动。虽然土体由于孔隙水压力的增大损失了部分强度，但钢制重力盘提供的较大抵抗弯矩提高了水平稳定性。土体饱和试验产生的水平位移远大于相应的干燥试验，说明振动过程中孔隙水压力的产生和有效应力的损失加剧了水平破坏的机制。

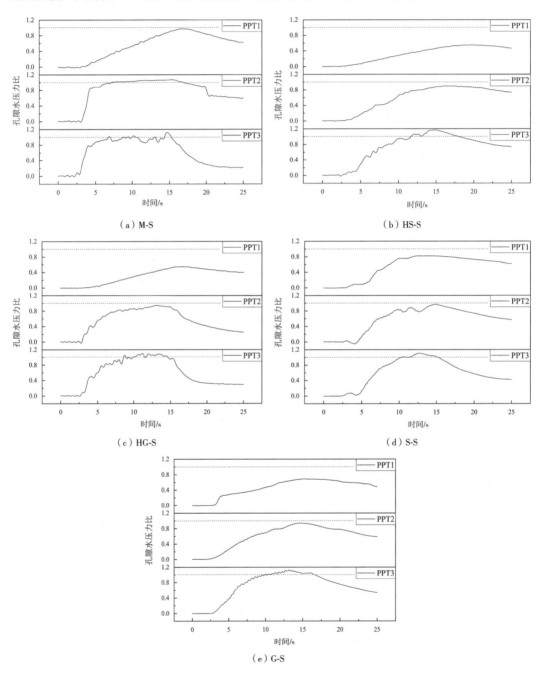

图 5.10　饱和试验超孔隙水压力时程曲线（重力盘类型影响）

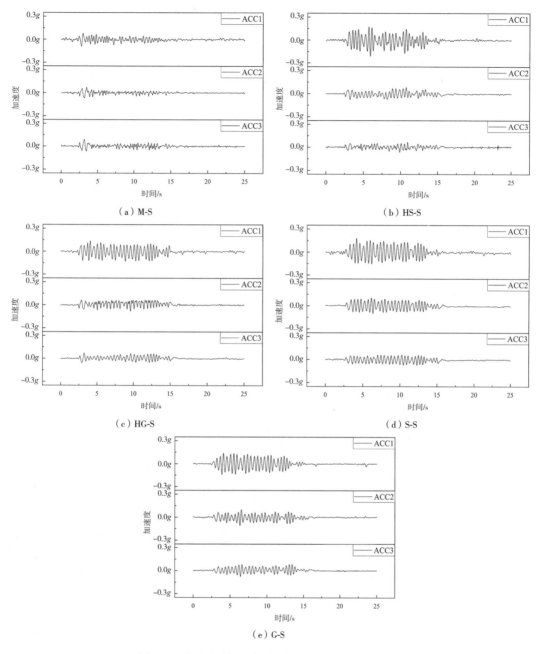

图 5.11 饱和试验加速度时程曲线（重力盘类型影响）

碎石重力盘基础和单桩－碎石重力盘基础表现出与单桩基础相似的水平位移趋势，但达到破坏时所需时间较长。从图 5.12(b)局部时程曲线来看，单桩基础初始响应较慢，累积速率较小，直到 7s 后，其水平位移才以更高的梯度增加，并在 2s 左右迅速超过碎石重力盘基础和单桩－碎石重力盘基础。地震初期，孔隙水压力开始积累，但未达到液化阶段。因此，土体仍然能够为单桩提供足够的水平抗力，此时水平位移没有明显的累积。随着孔隙水压力不断增大并达到有效应力，土体发生液化，从而失去对桩体的支护作用。在这一阶段，震动仍在继续，因此单桩基础将急剧倾斜至失效。碎石重力盘比钢制重力盘更轻，因此碎石重力盘基础和单桩－碎石重力盘基础在振动过程中经历更大的水平位移。在初始阶段没有土压力的作用，碎石重力盘基础和单桩－碎石重力盘基础开始倾斜的速度较快。然而，由于它们具有较大的恢复弯矩，因此位移增加的速率较小。根据图 5.10 可知，结构倾斜主要是由土体的强度损失贡献的，因为没有发生液化。土结相互作用在破坏中起着重要的作用，初始力引起的剪应力和偏应变引起的土体变形导致较大的水平位移。此外，与相应的重力盘基础相比，复合式桩－盘基础的水平位移增长率较小。这一趋势说明了桩构件的承载优势，即作用在桩身上的土压力提供的水平支撑削弱了地震过程中的倾斜破坏。

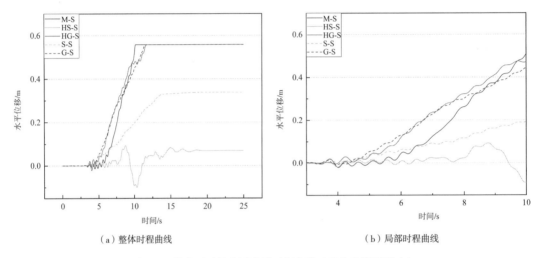

（a）整体时程曲线　　　　　　　　（b）局部时程曲线

图 5.12　饱和试验的水平变形时程曲线（重力盘类型影响）

表 5.5 总结了 5 个模型在饱和试验中的沉降。在自由场中测得的沉降量在所有试验中都是相似的，大小约为干燥试验的 2 倍。饱和试验中较大的沉降是由液化后的沉降和孔隙水压力消散的土体固结作用引起的。对于单桩基础，三个位置测得的土体沉降量相近。然而，其他基础形式在振动过程中的沉降明显大于自由场，尤其对于钢制重力盘基础，其沉降量约为自由场沉降量的 2 倍。尽管基础下部土体保持部分强度而不发生液化，但由于土体强度的丧失，部分承载力失效将引发偏位沉降。此外，土结相互作用会显著加剧沉降，尤其是对于高耸结构[4]。

表5.5　　　　　　　　　　　饱和试验的沉降：重力盘类型影响

模型编号	沉降量 /m		
	测量位置 1	测量位置 2	测量位置 3
M-S	0.105	0.09	0.115
HS-S	0.18	0.175	0.11
HG-S	0.155	0.13	0.11
S-S	0.205	0.195	0.09
G-S	0.175	0.16	0.09

5.3 讨论分析

5.3.1 动力响应机理

地震过程中，海上风电机组结构对倾覆破坏较为敏感。研究证明，复合式桩－盘基础的创新设计可以增强海上风电机组结构以及周围土体的整体稳定性。在干燥条件下，复合式桩－盘基础的水平位移和累积速率明显小于传统单桩。在饱和试验中，该改善效果更为显著。重力盘的引入对基础周围土体起到了加固作用，使其在振动过程中抵抗液化的能力更强。基础下方的土体保持其部分强度和刚度来抵抗结构变形。同时，作用在重力盘上的土压力会产生额外的恢复力矩来抵抗动态倾覆弯矩。因此，复合式桩－盘基础的水平位移及其增长速率明显小于单桩基础，基础下方及附近土体不发生液化。但复合式桩－盘基础下覆和邻近土体的沉降均比自由场中的大。海上风机结构在地震过程中的沉降机制复杂，受结构特性、超孔隙水压力的产生以及土结相互作用的影响较大。

在饱和状态下，超孔隙水压力的产生可能进一步加剧几种沉降机制。地震引起的沉降分为两类：孔隙水压力引起的体积应变和结构剪应力引起的偏应变。地震发生初期，超孔隙水压力随地震动产生，随着三维瞬态水力坡降的发展，局部水体开始迁移。水流倾向于在土体内部和外部运动，从而引起局部体积应变。随着超孔隙水压力的增大，土体强度显著下降。砂土颗粒的上部被分散，使得这些颗粒很可能在底部堆积形成固化区并在自身重量下固结。这就是沉降引发体积应变的机理。它发生在土体强度损失之后，并且依赖于土骨架的破坏。当连续土体骨架在沉降后发生重塑时，会产生固结并引起体应变。超孔隙水压力消散较快，土体有效应力快速恢复，使得颗粒间接触力较大。这三种类型的体积应变在振动过程中随着超孔隙水压力的产生和消散而不断发生，这也是试验中自由场沉降的主要原因。在基础结构附近的位置，除体积沉降外，偏应变引起的沉降也是至关重要的。重力盘对下方土体施加了额外的静剪应力，加剧了土体的强度损失，导致结构沉降和倾斜。同时，土结相互作用引起的循环剪应力导致了累积沉降。基础的振动通过循环影响下方土体，使最薄弱的土体远离基础。这就是土结相互作用引起的动偏应变。而且，无论是否发生土体液化，结构振动都可能导致较高围压下产生较大的超孔隙水压力，从而放大了各类沉降机制。

为了更清楚地研究土结相互作用机制，将地震过程中作用在海上风机上的力荷载绘制在图 5.13 中。F_1 为上部结构施加的惯性力，kN；F_2 为来自基础的惯性力，kN；Q_1 为重力盘承受的剪应力，kN；Q_2 为传递到桩身的剪应力，kN。基础在振动过程中发生沉降，因此，需要考虑作用在重力盘埋入部分的土压力。P_p 为被动土压力的合力，kN；P_a 为主动土压力的合力，kN。因此，荷载平衡方程为

$$F_1 + F_2 = Q_1 + Q_2 + P_p - P_a \tag{5.1}$$

重力盘的存在引入了额外的剪应力来抵抗惯性力，土压力与惯性力同相位并产生作用。因此，较小的惯性力被传递到桩身上的剪力，从而贡献较少的倾覆力矩。这解释了单桩基础产生的水平位移远大于复合式桩－盘基础的现象。同时，地基与地面之间的差异惯性力产生了土结

相互作用循环荷载，导致较大的累积沉降。因此，复合式桩－盘基础及周围土体的沉降大于自由场和单桩基础。在饱和条件下，土体在振动过程中会损失一部分强度，导致作用在惯性力上的土压力减小。因此，向下传递的剪应力变大，从而放大了沉降和倾斜机制。

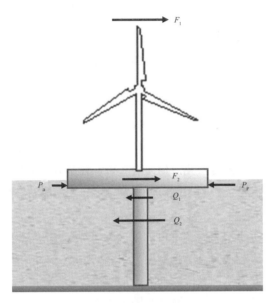

图 5.13　海上风机受力示意图

5.3.2　重力盘尺寸影响

之前研究中，通过离心机试验研究了复合式桩－盘基础的可行性和极限承载力[1, 5, 6]。重力盘的加入有效提高了整体稳定性，其承载力明显大于传统单桩基础。正常运行条件下，水平累积变形随着加载循环次数的增加而减小，且受土体特性和峰值荷载的影响较大。采用水平受荷桩的解析法估算了复合式桩－盘基础的极限承载力，并将重力盘的作用简化为作用在桩顶的等效恢复力矩。基于参数分析研究了重力盘的厚度和直径对承载能力的影响。随着重力盘厚度的增加，基础承载能力几乎以恒定速率增加。通过增大重力盘直径，承载力和初始刚度均呈递增梯度提升趋势，且重力盘直径大于3m时提升更为明显。在这项研究中，对离心机试验结果的趋势进行评估，可以定性分析重力盘特性对复合式桩－盘基础地震响应的影响。评估内容包括重力盘的厚度和直径对土体响应、结构水平位移和沉降的影响。

图 5.14 描述了重力盘厚度对水平位移和沉降的影响。可以明显看出，由于孔隙流体的影响，饱和条件下的位移和沉降比干燥条件下大得多。水平位移随着重力盘厚度的增加有减小的趋势。它们在干砂中呈线性关系；在饱和试验中，当重力盘厚度小于 1m 时，复合式桩－盘基础达到测量极限，当重力盘厚度增加到 $3t$ 时，其值明显下降。相比之下，沉降随着重力盘厚度的增加有增大的趋势，但变化速率较水平位移平缓。

从 t 到 $3t$ 表示拥有相同直径但不同厚度的重力盘，在相同土体接触面积下基础自重逐渐增加。在所有试验中，随着重力盘自重的增加，振动过程中记录到的水平位移明显减小。较大重量的重力盘很可能在重力盘下提供更大的剪应力（Q_1），使得作用在重力盘上的土压力有望得到增强，这些都有利于地震过程中基础结构的水平稳定性。较大的土体应力倾向于提供较大的恢复力矩来抵抗动力振动。在饱和工况下，重力盘自重的影响更为显著。较重的重力盘会使土层承受更多的围压。因此，随着自重的增加，超孔隙水压力比逐渐减小。然而，尽管土体在重力盘下方和附近不会发生液化，但较重的重力盘使下卧土体产生更大的孔隙水压力，从而加剧了几种沉降机制，特别是 SSI 诱导的偏应变。因此，增加复合式桩－盘基础的自重对其水平稳定性和抗液化能力有利，但会加剧沉降现象。

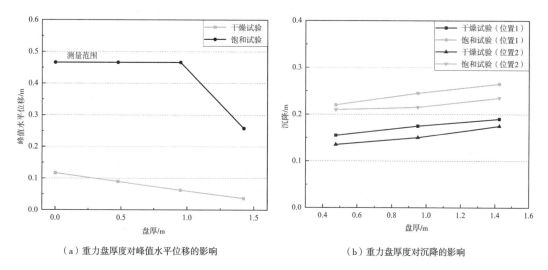

（a）重力盘厚度对峰值水平位移的影响 　　（b）重力盘厚度对沉降的影响

图 5.14　重力盘厚度影响

除自重影响外，基础直径是影响地震响应的主要因素。重力盘直径的影响如图 5.15 所示。水平位移随重力盘直径的增大而减小，且在干砂中直径超过 3m 时影响更为显著，这与以往的观测结果一致，即建议稳定基层直径至少为墙体埋深的 50% 才能达到最佳效果 [7]。在饱和试验中，直径较小时位移达到测量极限，直径增大到 7m 时位移下降到 0.131m。

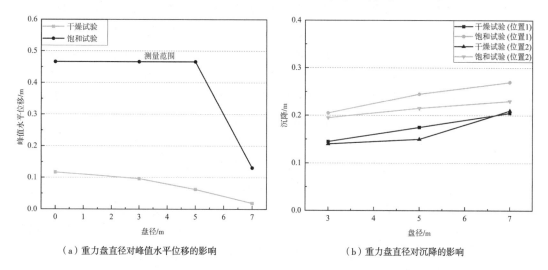

（a）重力盘直径对峰值水平位移的影响 　　（b）重力盘直径对沉降的影响

图 5.15　重力盘直径影响

重力盘直径越大，地震过程中基础的水平变形越小。较大的重力盘导致在基础下方和周围更大体积的土体中具有更高的承载力，从而具有更高的抗弯能力，有助于抵抗水平破坏。在饱和土中，重力盘直径越大，排水路径越长。超孔隙水压力的消散需要更长的路径，因此更多的超孔隙水压力被维持在地基下。因此，对于直径较大的基础，超孔隙水压力比下降需要更长的时间。孔隙水压力的特征影响成为主要的沉降机制。由于部分排水导致的初始局部化体应变减小，但土体骨架的影响范围更广，水力梯度更大，沉降和固结应变的贡献可能被放大。由于立即沉降过程，致使静偏应变增加。由于地基岩石较少，直径较大，土结相互作用引起的循环偏应变有望减小，循环剪应力可能不足以将土体推向更大的距离。在自重相同的情况下，随着盘径的增大，复合式桩-盘基础沉降减小，这一结果与前人的研究结果一致[8]。

5.3.3　重力盘类型影响

　　两种类型的重力盘对基础承载的贡献因其重量和材料的不同而存在明显差异，且复合式桩-盘基础的地震响应机理复杂，现行的设计标准可能会误解或低估地震的后果。

　　在饱和试验中，两种复合式桩-盘基础以及两种重力盘基础周围均未发生液化。然而，模型的最终沉降远大于自由场，类似的情况也发生在干燥试验中，这是由于沉降受到结构惯性力的显著放大作用[3]。地震过程中，孔隙水压力随地震动迅速积累，导致土体强度迅速丧失。试验并非完全不排水，而是在振动过程中发生排水。饱和砂土在循环剪切荷载作用下发生应变软化，导致局部化的体积应变。土体强度损失后，弱化的砂土将被分散，体积应变因沉降而加剧。这种现象在有无液化的情况下均会发生，并且与土骨架受到的扰动情况有关。之后，随着孔隙水压力的消散，土体重新恢复强度和刚度，从而增强了土颗粒间的接触力，导致土体固结引起的体积应变增大。由于孔隙水压力的积累，这三种类型的应变发生在所有位置，它们负责在自由场中的沉降。然而，结构周围的沉降机理较为复杂。除上述体应变外，土体的偏应变至关重要。钢制重力盘相比于碎石重力盘，将对土体产生较大的静剪应力，砂土在振动过程中的强度损失削弱了其对结构的支撑作用，这就是静偏诱导沉降。同时，振动过程中作用在基础上的循环惯性力导致基础产生累积沉降，基础将最薄弱的土体从周围位移，这就是动偏诱导沉降。这种土结相互作用诱发的结构性沉降会加剧地基下方孔隙水压力的产生，从而放大其他沉降机制。此外，由于两种构件的相互作用，复合式桩-盘基础的沉降小于相应的重力盘基础沉降[9, 10]。

　　在单桩中加入两种类型的重力盘，将表现出不同的地震响应。单桩-钢制重力盘基础比单桩-碎石重力盘基础具有更好的水平承载能力，但其沉降量更大。较重的重力盘结构加剧土结相互作用和作用在土体上的静剪应力，从而产生较大的偏应变。同时，较重的重力盘会引入较大的恢复力矩来抵抗水平变形。此外，由于受到较大的倾覆力矩，钢制重力盘容易发生转动，可能会嵌入到土体一定深度。因此，作用在钢制重力盘上的土压力与惯性力相对抗，使得向下传递的剪应力较小。对于碎石重力盘，由于其被散乱的碎石填充，在振动过程中，它可能不会作为一个整体旋转。因此，其对土压力的影响并不明显，使得侧向稳定性增强。同时，钢制重力盘重量越大，对土体产生的围压更大，更有利于整体结构的抗震稳定性。除重量外，重力盘的材料也会带来影响。碎石重力盘中孔隙水压力消散更快速，导致土体体积应变减小。

5.4　小结

本章通过一系列离心机试验，研究了海上风电机组新型复合式桩-盘基础的地震响应机理。在砂土中进行了 6 个模型试验，包括 1 个传统单桩基础和 5 个变直径变厚度的复合式桩-盘基础。试验过程中通过加速度计、孔隙水压力传感器和 LVDT 监测土体和结构的地震响应，通过卡尺测量沉降。揭示了地震动诱发地震行为的主导机制，总结了影响地震动诱发地震行为的影响因素。根据离心机试验和机理分析得出以下结论：

（1）单桩基础在地震过程中发生较大的倾斜。与之相比，复合式桩-盘基础具有更小的水平变形和累积速率。重力盘边缘产生的较高围压提高了土体承载力。重力盘的引入提供了一个额外的恢复力矩来增强结构的水平稳定性，这是海上风电机组的主要失效模式。与碎石重力盘相比，钢制重力盘往往可以带来更多的侧向稳定性，但其沉降更大。因此，重力盘的重量和材料对其性能有重要影响。

（2）由于土结相互作用引起的静力和循环剪应力，复合式桩-盘基础的土体沉降比自由场土体沉降更显著。在饱和状态下，超孔隙水压力的产生和消散强化了几种沉降机制，包括结构周围的体积应变和偏应变。

（3）干砂在振动过程中能够提供足够的承载力，土体可以维持自身强度抵抗结构破坏。碎石重力盘及对应复合式桩-盘基础产生的水平位移比钢制重力盘及对应复合式桩-盘基础的水平位移更大，但其增加速率较小。

（4）与干燥试验相比，饱和试验中结构的水平位移和沉降更加剧烈。土体的性状在很大程度上受超孔隙水压力的影响。液化现象在单桩基础周围和自由场中十分显著。由于重力盘引起的围压作用，复合式桩-盘基础下方和附近的孔隙水压力比显著降低。地基周围的土体在地震过程中保持其部分强度和刚度。单桩基础、碎石重力盘基础和单桩-碎石重力盘基础的水平位移将达到极限测量范围，而钢制重力盘基础和单桩-钢重力盘基础的水平变形相对较小。

（5）重量较大的复合式桩-盘基础在振动过程中往往具有较小的水平位移并导致较小的液化倾向，但由于土结相互作用更剧烈，其沉降较大。在自重相近的情况下，随着盘径的增大，复合式桩-盘基础沉降减小，水平稳定性有望增强。

总体而言，本章提供了高质量的试验结果，以帮助扩展对复合式桩-盘基础承载破坏机理的理解，并促进这一创新基础的应用。复合式桩-盘基础是一个全新的概念，未来需要对其制造和安装进行详细分析。

参考文献

［1］Chen W Y, Wang Z H, Chen G X, et al. Effect of vertical seismic motion on the dynamic response and instantaneous liquefaction in a two-layer porous seabed[J]. Computers and Geotechnics, 2018, 99: 165-176.

［2］Dashti S, Bray J D, Pestana J M, et al. Centrifuge testing to evaluate and mitigate liquefaction-induced building settlement mechanisms[J]. Journal of Geotechnical and Geoenvironmental Engineering, 2010, 136（7）: 918-929.

［3］ Liu L, Dobry R. Seismic response of shallow foundation on liquefiable sand[J]. Journal of Geotechnical and Geoenvironmental Engineering, 1997, 123（6）: 557-567.

［4］ Dashti S, Bray J D, Pestana J M, et al. Mechanisms of seismically induced settlement of buildings with shallow foundations on liquefiable soil[J]. Journal of Geotechnical and Geoenvironmental Engineering, 2010, 136（1）: 151-164.

［5］ Wang X, Zeng X, Yang X, et al. Feasibility study of offshore wind turbines with hybrid monopile foundation based on centrifuge modeling[J]. Applied Energy, 2018, 209: 127-139.

［6］ Yang X, Zeng X, Wang X, et al. Performance of monopile-friction wheel foundations under lateral loading for offshore wind turbines[J]. Applied Ocean Research, 2018, 78: 14-24.

［7］ Powrie W, Chandler R J. The influence of a stabilizing platform on the performance of an embedded retaining wall: a finite element study[J]. Geotechnique, 1998, 48（3）: 403-409.

［8］ Yasui M. Settlement and inclination of reinforced concrete buildings in Dagupan City due to liquefaction during the 1990 Philippine earthquake[C]. Earthquake Engineering, Tenth World Conference. Madrid, 1992.

［9］ Adalier K, Elgamal A W, Martin G R. Foundation liquefaction countermeasures for earth embankments[J]. Journal of Geotechnical and Geoenvironmental Engineering, 1998, 124（6）: 500-517.

［10］ Chaudhary B, Hazarika H, Monji N, et al. Behavior of breakwater foundation reinforced with steel sheet piles under seismic loading[C]. Geotechnical Hazards from Large Earthquakes and Heavy Rainfalls. Springer Japan, 2017: 449-461.

第 6 章　复合式桩－盘基础有限元数值模型的建立与验证

6.1　静力有限元模型的建立

有限元模型（FEM）中假定基础结构为理想安装状态，从而忽略了基础安装对其水平承载特性的影响 [1]。图 6.1 展示了有限元模型几何尺寸和网格划分示意图，数值模型的尺寸与离心机试验原型尺寸保持一致。为有效避免边界效应并提高计算效率 [2, 3]，Chene et al. [4] 进行了敏感性分析，研究了复合式桩－盘基础有限元模型的边界效应，发现土体尺寸在宽度方向达到 $20\,D_p$（D_p 指桩径）即可避免边界效应的影响。同样地，Hu et al. [5] 和 Wang et al. [3] 分别建议有限元土体模型宽度取值为 $20\,D_p$ 或 $2\,D_w$（D_w 为重力盘直径），且均认为在土体厚度方向取 $2\,L_e$（L_e 为桩的埋置深度），即可避免边界效应的影响。因此，在有限元建模过程中，土体尺寸在加载方向取 30m（27.3 D_p 或 5.5 D_w），在加载方向的法线方向尺寸取为 20m（18.2 D_p 或 3.6 D_w），在土体深度方向取为 11m（$2\,L_e$）。相关研究证明 [2]，离心机试验和有限元模型中土体尺寸差异对海上风电机组复合式桩－盘基础承载特性的影响可以忽略。

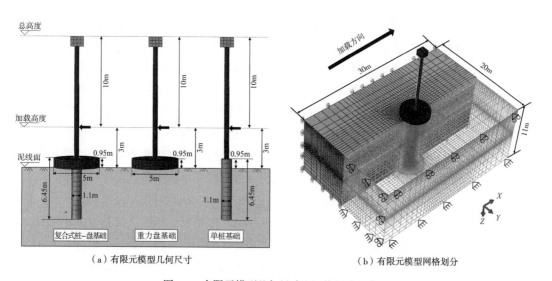

（a）有限元模型几何尺寸　　　　　　　（b）有限元模型网格划分

图 6.1　有限元模型几何尺寸和网格划分示意图

研究中将有限元模型的网格定义为 C3D8 单元，同时采用缩减积分和沙漏控制的方法，从而保证了有限元模型运算的效率和精度[6-8]。建模过程中将基础和近地表附近的土体单元划分成较小的密网格，而随着土体单元逐渐远离基础和地表，土体单元的网格密度逐渐降低。这种网格划分方法可以在不影响计算精度的同时，显著提高模型计算效率。研究中将桩–土、盘–土和桩–盘的接触界面定义为主–副接触法，接触属性定义为库仑切向摩擦的法向硬接触，并且允许接触单元间产生分离现象，从而更有效地模拟真实的接触场景。铝–土摩擦系数已通过直剪试验直接测定，其取值为 0.3[9]。单桩和重力盘之间的摩擦系数则依据文献建议设置为 1[10]。相关研究已经证明了所述接触方式模拟离心机试验的可行性，特别是对海上风机基础的研究[2, 11, 12]。

研究中将单桩、重力盘和上部结构定义为理想弹塑性材料，其杨氏模量、单位重度、泊松比和屈服强度分别为 70GPa、26.7kN/m³、0.3 和 300MPa。土体材料则采取依据摩尔–库仑（M-C）屈服准则支配的理想弹塑性模型，其可以用来描述砂土的非线性行为。表 6.1 中列出的有限元模型土体属性与离心机试验一致，相关研究已经证明其可行性[13-16]。最后，对有限元模型施加基于位移控制的水平荷载，施加位置位于塔柱，加载点距离泥面高度为 3m。

表6.1　　　　　　　　　　　有限元模型中定义的土体属性

土体类型	相对密度 /%	泊松比	摩擦角 / (°)	剪胀角 / (°)	有效重度 / (kN/m³)
硅砂	70	0.3	33.4	12	5.7

6.2　静力有限元模型的验证

本节通过对比分析离心机试验和有限元分析得到的水平荷载–位移曲线，验证了有限元模型的正确性。如图 6.2 所示，有限元计算结果的总体趋势和初始承载刚度与离心机试验结果十分相似。随着外部水平荷载的增加，有限元模型的水平承载能力逐渐超过离心机试验模型，特别是对于复合式桩–盘基础和单桩基础来说。在离心机试验过程中，土体杨氏模量随着埋深的增加而变大。而在有限元数值分析中，假定土体杨氏模量为常数[2, 17]。随着外部水平荷载的继续增加，离心机试验和有限元分析结果之间的差异逐渐消失。值得注意的是，有限元模型在极限状态下的水平承载能力相对保守。对于复合式桩–盘基础和单桩基础来说，这是由于离心机试验模型在 1g 重力水平下通过静压进行压桩操作，导致桩周土体产生致密化效应[18, 19]。与之不同的是，有限元建模过程中定义基础安装为理想过程，从而忽略了安装过程对土体强度的影响。对于复合式桩–盘基础和重力盘基础来说，离心机试验加载过程中重力盘会被埋入土层，增加了复合式桩–盘基础的水平承载特性，而该现象在有限元分析中难以模拟[2]。

此外，研究中对比分析了极限状态下桩身土压力的分布，从而对有限元模型的准确性开展进一步验证。如图 6.3 所示，复合式桩–盘基础桩身土压力相较于传统单桩基础显著提高，尤其是在泥面处。重力盘引起的土体致密化效应随土层深度加深而逐渐减弱，对桩身土压力的改善作用也随之下降。有限元模型计算得到的桩身土压力与离心机试验结果吻合较好。由于在离心机试验过程中桩后土体可能会落入桩后空隙，离心机试验结果略高于有限元计算结果。

综上所述，离心机试验和有限元数值模型结果具有良好的吻合度，而且有限元数值模型的极限水平承载力比离心机试验结果更为保守。同时，极限状态下桩身土压力结果进一步证明了有限元模型与离心机试验模型的一致性。因此，可以使用所建立的复合式桩－盘基础有限元模型开展更加深入的研究。

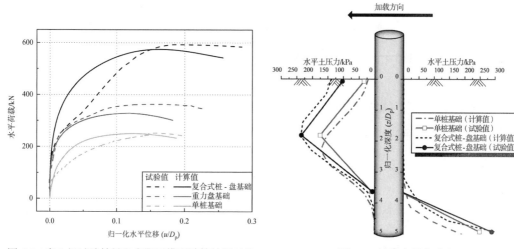

图 6.2　离心机试验结果和有限元模型计算结果对比　　　　图 6.3　桩身土压力对比

6.3　动力有限元模型的建立

海上风机的主要部件为基础、过渡件、塔柱和塔头（包括吊舱、发电机、转子叶片等）。原型风机三维尺寸复杂，需要简化，简化方式如图 6.4 所示。塔头被简化为一质量块，变截面的圆台型塔柱及过渡件被简化为等截面圆柱。建模时，忽略直径采用基于位移公式的梁柱单元模拟塔柱和单桩；对于重力盘的模拟，忽略重力盘厚度采用刚度足够大的弹性梁柱单元模拟重力盘，保证重力盘在受弯矩作用时不发生弯曲。对于主要部件的质量和重量，则集中到每个节点处，由该节点所代表的实体体积决定。

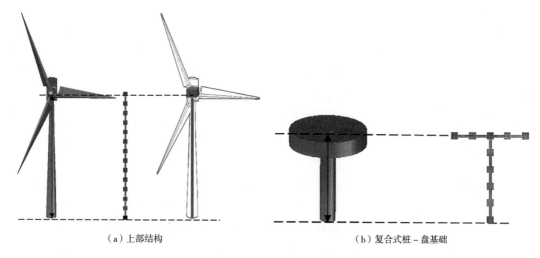

（a）上部结构　　　　　　　　　　　　　（b）复合式桩－盘基础

图 6.4　风机各部件简化模拟示意图

数值模型中饱和砂土采用八节点六面体单元（图 6.5）模拟。该单元基于 Biot 的多孔介质理论用于模拟固 – 流体全耦合材料的动力响应，能够模拟孔隙水压力的消散和重分布过程。每个单元节点有 4 个自由度，其中固相节点的位移自由度为 1 ~ 3，液相节点的孔隙水压力自由度则为 4。

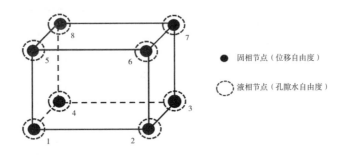

● 固相节点（位移自由度）

⌇ 液相节点（孔隙水自由度）

图 6.5　八节点六面体单元（BrickUP）

使用 CAD 建立土体模型，保存成 .dxf 文件导入 GID 进行土体单元的划分，从而得到土体的节点、单元信息。然后完善其材料信息、边界条件信息等，保存成 .tcl 文件即完成土体建模，添加基础结构 TCL 代码完成数值模型建模，图 6.6 为本次所建立的海上风电机组复合式桩 – 盘基础的三维有限元数值模型图。

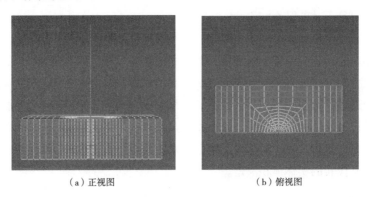

（a）正视图　　　　　　　　　　　（b）俯视图

图 6.6　三维数值模型图

本节数值模型采用的模型尺寸参数和工况如表 6.2 所示，考虑 5 种不同尺寸基础、3 种模拟工况条件。工况 1：0.35g 峰值加速度合成地震波、地基渗透系数为 1×10^{-4}cm/s，用来模拟实际试验工况条件；工况 2：0.10g 峰值加速度合成地震波、地基渗透系数 1×10^{-4}cm/s，探讨不同峰值加速度地震波下海上风电机组基础动力响应的变化特征；工况 3：0.10g 峰值加速度合成地震波、地基渗透系数 1×10^{-5}cm/s，探讨不同地基渗透系数下海上风电机组基础动力响应的变化特征。

本节数值模型采用周期性边界，因为试验中振动方向的边界足够远，导致模型边界处波的反射对传感器位置测得结果造成的影响较小。在与振动方向垂直的两个侧面上，将仅 y 坐标不同两节点（不包含底部节点）水平位移自由度捆绑，垂直位移设为自由；在与振动方向平行的侧面上，固定节点（不包括底部节点）y 方向水平位移自由度，其他自由度设为自由；固定底部节点的全部位移自由度和上表面节点的孔隙水压力自由度，使得上表面节点孔隙水压力为 0（模拟排水边界），模型底部及侧面为不透水边界。由于 OpenSees 中无法通过边界施加加速度荷载，本节使用相对加速度法输入地震加速度，沿底部 x 方向输入加速度作为动力激励。采用的基底加速度输入方式为均匀基底激励（Uniform Excitation）。

表6.2　　　　　　　　　　　　　数值模型基础尺寸和工况

模型编号	基础类型	单桩尺寸 /m		重力盘尺寸 /m		工况
		D_p	L	D_w	t	
M	单桩基础	1.1	7			
H-D3-2t	复合式桩 – 盘基础	1.1	7	3	0.95	（1）0.35g 合成波，渗透系数 1×10^{-4}cm/s；
H-D5-t	复合式桩 – 盘基础	1.1	7	5	0.475	（2）0.10g 合成波，渗透系数 1×10^{-4}cm/s；
H-D5-2t	复合式桩 – 盘基础	1.1	7	5	0.95	（3）0.10g 合成波，渗透系数 1×10^{-5}cm/s
H-D7-2t	复合式桩 – 盘基础	1.1	7	7	0.95	

6.4　动力有限元模型的验证

6.4.1　单桩基础的试验和模拟结果分析

6.4.1.1　试验和模拟超静孔压比分析

0.35g 峰值地震作用下单桩基础模型的离心机振动台试验和数值模拟得到的超静孔压比时程曲线如图 6.7 所示，按监测点与桩体的距离由近到远地展示了桩周、近桩处和自由场土体中超静孔隙水压力的累积和消散过程。模拟中采用的地基渗透系数为 1×10^{-4}cm/s，当超静孔压比达到 1.0 及以上时，土体发生液化。图 6.7 中（a）（c）（e）为试验结果，（b）（d）（f）为模拟结果。

通过对比发现，P1 测点、P2 测点处数值模拟结果存在较大的波动，而 P3 测点处数值模拟得到的超静孔压比时程曲线无论是孔隙水压力的累积过程还是孔隙水压力的消散过程都和试验结果近似。在试验结果中可以得到 P1 测点处超静孔压比经过一段时间的累积在 13s 时到达 1.0，维持到 19s 时孔隙水压力开始消散；而数值模拟结果水压力波动较大，超静孔压比多次大于 1.0 且没有维持住。这是因为运动作用和惯性作用导致桩周处桩 – 土相互运动较为激烈，在土体中产生了较大的剪切变形，这些大的剪切变形引起了显著的剪胀效应，使得土体恢复了一定的刚度和强度，因此导致了孔隙水压力显著降低的情况，而计算结果出现超静孔压比大于 1.0 的结果也解释了桩周处存在的喷砂冒水的现象。在 P2 测点处也受到桩周处桩 – 土相互作用的影响，导致孔隙水压比要略小于试验结果。在 P3 测点处自由场土体基本不受影响，数值模拟的超静孔压比与试验结果比较接近，本构模型可以较好地模拟孔隙水压力的累积和消散现象，验证了数值模型的正确性。综上所述，无论是试验还是数值模拟，都得出了相同的规律，强震激励时单桩基础饱和砂土地基土体易发生液化现象，桩周土体由于桩土之间剧烈的相互运动，相较于自由场土体会产生较大变形而更容易液化。

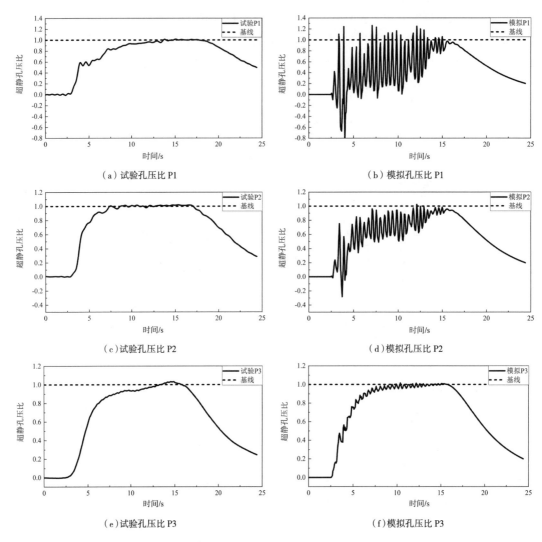

（a）试验孔压比 P1　　　　　　　　　（b）模拟孔压比 P1

（c）试验孔压比 P2　　　　　　　　　（d）模拟孔压比 P2

（e）试验孔压比 P3　　　　　　　　　（f）模拟孔压比 P3

图 6.7　0.35g 地震波作用下模型 M 的试验和模拟超静孔压比时程曲线

6.4.1.2　试验和模拟土体加速度分析

ACC 记录与 PPT 记录之间存在相关性，反映了土壤响应，且随着加速度的减弱，土壤液化的趋势增大，由式（6.1）[20] 证明：

$$G = G_0 \frac{(2.97-e)^2}{1+e} \sqrt{pP_a} \qquad (6.1)$$

式中：G 为剪切模量，N/m^2；e 为孔隙比；p 为有效围压，N/m^2；G_0 为土壤常数；P_a 为大气压强，N/m^2。

图 6.8 为 0.35g 峰值加速度地震作用下单桩基础的离心机振动台试验和数值模拟得到的土体加速度时程曲线与实际输入的地震波加速度时程曲线的对比图，按监测点距离桩体的距离由近到远地展示了桩周、近桩处和自由场土体在地震过程中加速度响应结果。图 6.8 中（a）（c）（e）为试验结果，（b）（d）（f）为模拟结果。

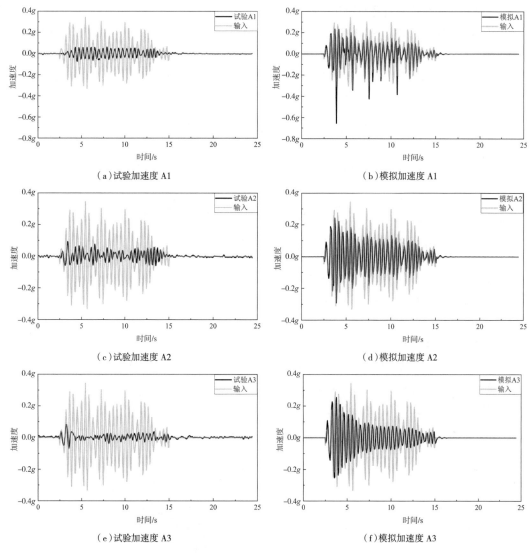

图 6.8　0.35g 地震波作用下模型 M 的试验和模拟加速度时程曲线

　　观察离心机振动台试验中土体加速度响应发现，在整个振动过程中土体加速度的弱化现象非常明显，加速度从一开始就在衰减，直至振动结束，这意味着土体强度和刚度退化。相较于 A1、A2、A3 测点衰减程度逐渐增大，这说明距离单桩越近，桩周处桩土相互作用越大，土体的强度和刚度随着剪切变形的增大而有所恢复。图 6.8 中（a）（c）（e）为地基土加速度的数值模拟结果，采样位置与试验中加速度传感的布置位移相同。通过观察发现，土体加速度在振动开始时存在放大现象，随着土体液化，土体的加速度也出现了衰减。尤其是对于位置 1 处的土体，出现非对称加速度且其峰值接近输入加速度的 2 倍，其加速度放大现象在振动后期也可被观测到，这证明了由于桩土距离的相互作用使该处土体存在短暂的刚度恢复现象。而监测点距离单桩越远，加速度衰减程度越大，这一点和试验观测到的规律一致，进一步验证了数值模型的准确性。综上所述，地震作用下单桩基础地基土体全部测点存在液化行为，而桩周土体由于剪切变形过大导致的剪胀效应会使土体刚度有所恢复。

6.4.1.3 试验和模拟地表沉降量对比分析

$0.35g$ 峰值地震波作用下单桩模型试验和模拟中地表沉降量见表 6.3，按监测点与桩体的距离由近到远地展示了桩周、近桩处和自由场土体在地震发生后地表沉降量的响应结果。试验中不同位置沉降量基本相同，而数值模拟计算得到的地表沉降量小于试验结果，且模拟中桩–土交界处的沉降量相比其他位置略大。

表6.3　　　　　　　　　　　　　$0.35g$ 地震波作用下单桩试验和模拟地表沉降量对比

模型条件	沉降量 /m		
	测量位置 1	测量位置 2	测量位置 3
试验 M	0.105	0.120	0.115
模拟 M	0.037	0.008	0.015

6.4.2 复合式桩–盘基础的试验和模拟结果分析

考虑复合式桩–盘基础重力盘直径和厚度的影响，本节对 $0.35g$ 峰值地震波作用下复合式桩–盘基础模型 H-D5-t、H-D5-2t、H-D7-2t 试验和模拟结果进行分析，其中重力盘的直径和厚度分别选取了 5m、7m 和 0.475m、0.95m 的组合情况。

6.4.2.1 试验和模拟超静孔压比分析

图 6.9 ～图 6.11 分别为 $0.35g$ 峰值加速度地震作用下复合式桩–盘基础模型 H-D5-t、H-D5-2t、H-D7-2t 的离心机振动台试验和数值模拟得到的超静孔压比时程曲线图，按监测点与桩体的距离由近到远地展示了桩周、近桩处和自由场土体中超静孔隙水压力的累积和消散过程，图 6.9 ～图 6.11 中（a）（c）（e）为试验结果，（b）（d）（f）为模拟结果。

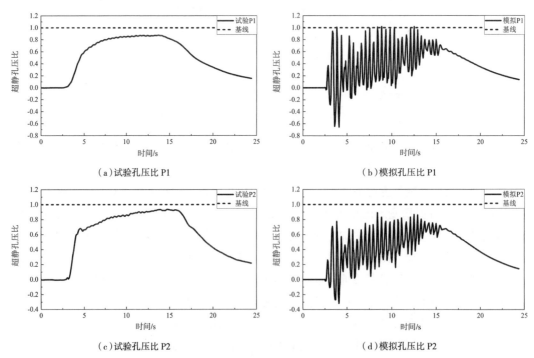

（a）试验孔压比 P1　　　　　　　　　　（b）模拟孔压比 P1

（c）试验孔压比 P2　　　　　　　　　　（d）模拟孔压比 P2

图 6.9（一）　$0.35g$ 地震波作用下模型 H-D5-t 的试验和模拟超静孔压比时程曲线

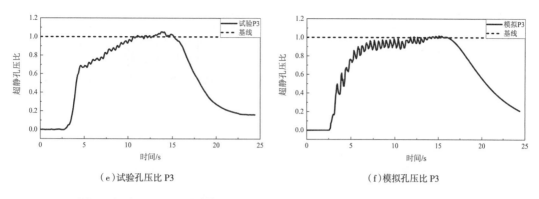

（e）试验孔压比 P3　　　　　　　　　（f）模拟孔压比 P3

图 6.9（二）　0.35g 地震波作用下模型 H-D5-t 的试验和模拟超静孔压比时程曲线

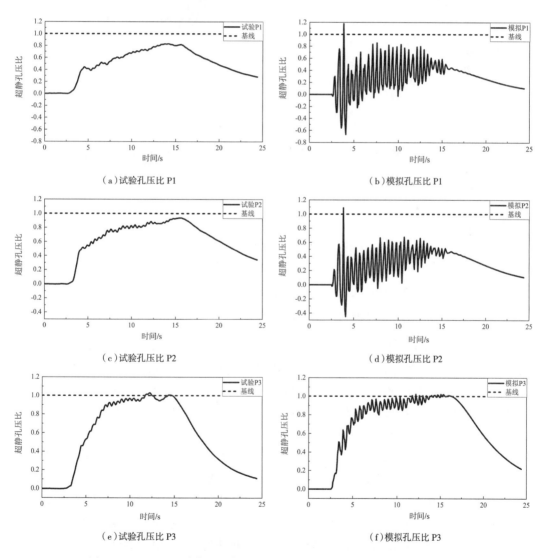

（a）试验孔压比 P1　　　　　　　　　（b）模拟孔压比 P1

（c）试验孔压比 P2　　　　　　　　　（d）模拟孔压比 P2

（e）试验孔压比 P3　　　　　　　　　（f）模拟孔压比 P3

图 6.10　0.35g 地震波作用下模型 H-D5-2t 的试验和模拟超静孔压比时程曲线

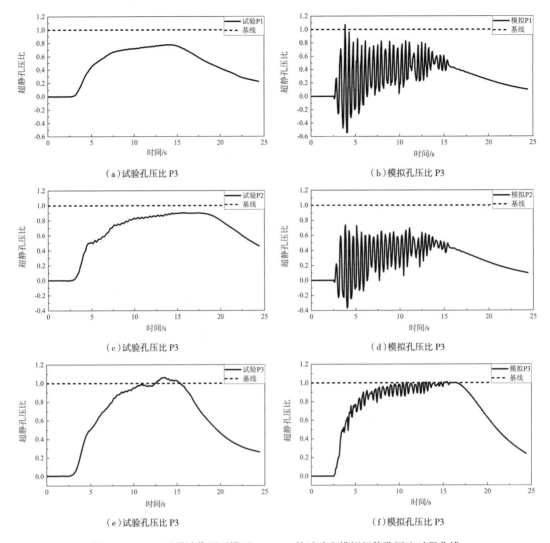

（a）试验孔压比 P3 （b）模拟孔压比 P3

（c）试验孔压比 P3 （d）模拟孔压比 P3

（e）试验孔压比 P3 （f）模拟孔压比 P3

图 6.11　0.35g 地震波作用下模型 H-D7-2t 的试验和模拟超静孔压比时程曲线

　　首先分别观察不同尺寸复合式桩–盘基础模型试验和数值模拟监测点 P1 ~ P3 处超静孔压比的表现，可以得出相似的结论。相比单桩基础工况下测点 1、测点 2 处的超静孔压比，复合式桩–盘基础工况下的超静孔压比都有所降低，数值未达到 1.0。这是由于重力盘荷载的加入在重力盘下部及周围土体中引起初始有效应力相比没有重力盘荷载时有所增加，使土体具有更高的强度和刚度，土体的抗液化能力得到提升。而测点 3 处土体受到基础结构和附加应力的影响较小，超静孔压比可以达到 1.0 并维持一段时间，基本和单桩工况下保持一致，验证了数值模型的合理性。通过分析得知，在重力盘荷载作用下周围地基土的抗液化能力得到显著提高，桩周土体有效应力尚未完全消失，土体可以继续承受荷载；在距离单桩桩体距离越近的位置，数值模拟得到的超静孔压比结果的波动越大；模拟得到测点 2 处地基土的超静孔压比略小于试验结果。

　　复合式桩–盘基础的重力盘可以影响周围土体的抗液化能力，进一步研究重力盘直径和重量对地基土抗液化能力的影响。观察图 6.9 和图 6.10，得到直径不变时重力盘厚度的变化对测点 P1 ~ P3 处超静孔压比的影响，发现模型 H-D5-t 测点 1、测点 2 处土体的超静孔压比小于模型 H-D5-2t 得到的结果。说明随着重力盘厚度的增加,其下部和周围土体的有效应力进一步增大,孔隙水压力的波动减弱,土体抗液化能力随重力盘厚度的增加而增大。观察图 6.10 和图 6.11,得到厚度不变时重力盘直径的变化对测点 P1 ~ P3 处超静孔压比的影响,发现模型 H-D5-t 测点 1、测点 2 处土体的超静孔压比与模型 H-D7-2t 得到的结果相近。综合来看,数值模拟得出的测点 2 处超静孔压比低于试验结果,测点 1、测点 3 处的结果与试验比较接近。说明随着重力盘荷载的增加,桩周测点处超静孔压比进一步减小;而随着重力盘直径的增大,受附加应力影响的土体范围增大,测点 1、测点 2 处超静孔压比更加趋于稳定。数值模型对地震荷载下土体超静孔隙水压力的响应较为敏感,数值波动较大,且测点 2 处土体超静孔压比小于试验结果,但与试验得出的变化规律相符。但从整体趋势上看,数值模拟结果与试验结果吻合度较高,数值模型可以反映上部荷载增加对地基土动力响应特性的影响,说明了数值模型的合理性。

6.4.2.2 试验和模拟土体加速度分析

图 6.12 ~ 图 6.14 分别显示了 0.35g 峰值加速度地震作用下复合式桩 – 盘基础模型 H-D5-t、

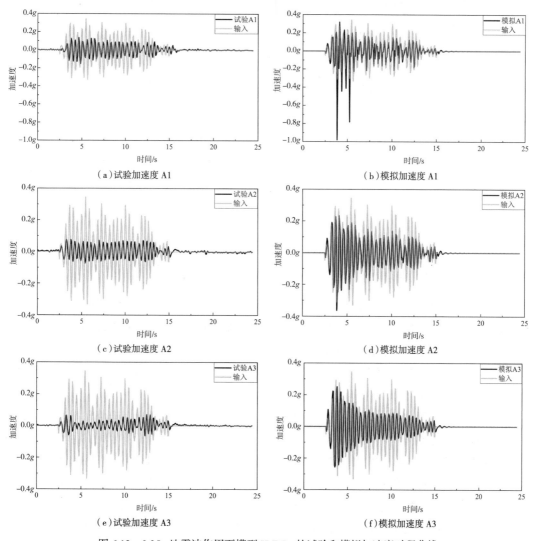

（a）试验加速度 A1　　　　　　　　　　　（b）模拟加速度 A1

（c）试验加速度 A2　　　　　　　　　　　（d）模拟加速度 A2

（e）试验加速度 A3　　　　　　　　　　　（f）模拟加速度 A3

图 6.12　0.35g 地震波作用下模型 H-D5-t 的试验和模拟加速度时程曲线

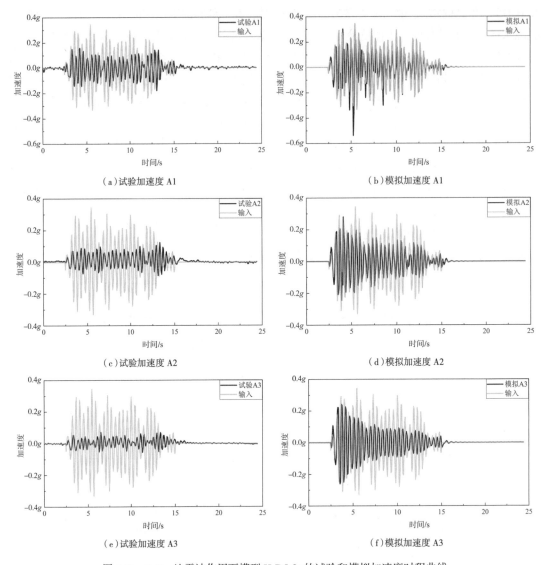

（a）试验加速度 A1　　　　　　　　　　　（b）模拟加速度 A1

（c）试验加速度 A2　　　　　　　　　　　（d）模拟加速度 A2

（e）试验加速度 A3　　　　　　　　　　　（f）模拟加速度 A3

图 6.13　0.35g 地震波作用下模型 H-D5-2t 的试验和模拟加速度时程曲线

H-D5-2t、H-D7-2t 的离心机振动台试验和数值模拟得到的土体加速度时程曲线与实际输入的地震波加速度时程曲线的对比图，按监测点与桩体的距离由近到远地展示了桩周、近桩处和自由场土体加速度的动力响应，图 6.12 ～ 图 6.14 中（a）（c）（e）为试验结果，（b）（d）（f）为模拟结果。

地震作用下复合式桩 – 盘基础模型 H-D5-t 测点 A1 ～ A3 处加速度时程曲线与实际输入的地震波加速度时程曲线的对比如图 6.12 所示。通过与输入加速度的对比发现，位置 1 处加速度衰减程度最轻，位置 2 处次之，位置 3 处衰减程度最大。但是相比单桩工况下，位置 1、位置 2 处的加速度衰减程度变小，加速度响应更加激烈。这是由于在重力盘荷载作用下桩周土体具有更高的刚度和强度，土体有效应力的增加使得桩土相互运动减小，复合式桩 – 盘基础模型下可以减少周围地基土的液化，具有较好的抗震稳定性。通过与输入加速度对比发现，土体加

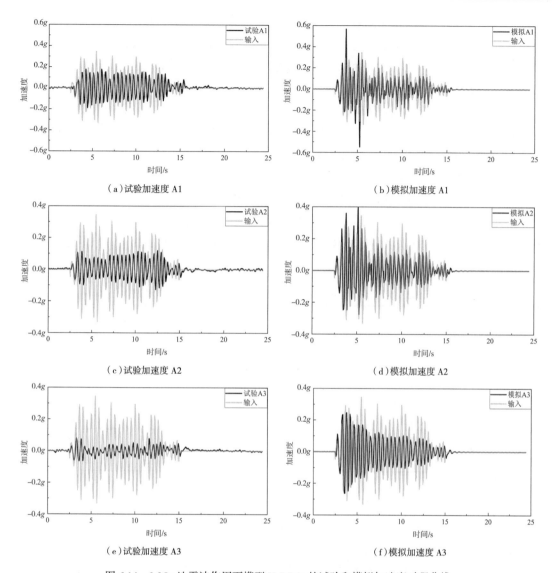

图 6.14 0.35g 地震波作用下模型 H-D7-2t 的试验和模拟加速度时程曲线

速度在振动开始时存在放大现象，随着土体液化，土体的加速度开始衰减。位置 1 处的土体出现非对称加速度，且其峰值接近输入加速度的 3 倍多，放大效应持续到 6s，相比单桩工况下加速度响应更大，模拟结果与试验结果加速度响应的整体衰减程度比较接近。因为位置 2、位置 3 处土体受复合式桩 – 盘基础影响较小，加速度出现的衰减程度逐渐增大。对比试验和数值模拟在同一点的加速度变化过程，发现模拟结果可以反映出距离桩体越近位置的地基土体越难液化这一规律。

考虑重力盘直径和厚度的影响，图 6.13 展示了复合式桩 – 盘基础模型 H-D5-2t 测点处土体在地震波作用下的加速度时程曲线与实际输入的地震波加速度时程曲线的对比。图 6.14 展示了复合式桩 – 盘基础模型 H-D7-2t 测点处土体在地震波作用下的加速度时程曲线与实际输入的地震波加速度时程曲线的对比。相比复合式桩 – 盘基础模型 H-D5-t 工况下，测点 A1 ～ A3 处加速度响应更加激烈，这是由于随着重力盘直径和厚度的增加，土体刚度和强度的增加使得桩–土相互运动更小，基础的抗震稳定性进一步提高。观察数值模拟结果发现，随着重力盘直径和厚度的变化，土体加速度响应的变化不如试验结果明显，模拟结果更加突出土体液化前后加速度响应的变化。这可能是由于超静孔压比大于1.0的时间持续较短，数值模型计算得到的土体加速度响应（特别是自由场土体）的衰减程度弱于试验结果。但对比试验和数值模拟在同一点的加速度变化过程，可知模拟结果可以反映出试验结果表现出的一般规律。

6.4.2.3　试验和模拟地表沉降量对比分析

0.35g峰值地震波作用下复合式桩–盘基础模型试验和模拟的地表沉降量对比分析见表6.4，按监测点与桩体的距离由近到远地展示了地震发生后地表沉降量响应结果。经过对比发现，不同尺寸复合式桩–盘基础模型试验与模拟的近桩位置地表沉降量结果较为相符，而自由场位置的沉降量差异较大。数值模型可以较好地模拟重力盘作用下地表土体的沉降，但不能很好地模拟自由场地表沉降量。

表6.4　0.35g地震波作用下复合式桩–盘基础试验和模拟地表沉降量对比

模型条件	沉降量/m		
	测量位置1	测量位置2	测量位置3
试验 H-D5-t	0.220	0.210	0.120
模拟 H-D5-t	0.222	0.107	0.006
试验 H-D5-2t	0.245	0.215	0.130
模拟 H-D5-2t	0.317	0.162	0.008
试验 H-D7-2t	0.270	0.230	0.130
模拟 H-D7-2t	0.312	0.312	0.012

6.5　小结

本章建立复合式桩–盘基础有限元计算模型，详细介绍了有限元模型的建立步骤及参数设置。最后，通过离心机试验和有限元模型计算结果的对比，证明了有限元计算模型的准确性。本书第7～10章将通过有限元模型深入探究复合式桩–盘基础的水平承载特性机理，进而完善现有研究的不足。

参考文献

［1］Zhang Y，Bienen B，Cassidy M J，et al. The undrained bearing capacity of a spudcan foundation under combined loading in soft clay[J]. Marine Structures，2011，24（4）：459-477.

［2］Yang X，Zeng X，Wang X，et al. Performance and bearing behavior of monopile-friction wheel foundations under lateral-moment loading for offshore wind turbines[J]. Ocean Engineering，2019，184：159-172.

［3］ Wang Y, Zou X, Zhou M, et al. Failure mechanism and lateral bearing capacity of monopile-friction wheel hybrid foundations in soft-over-stiff soil deposit[J]. Marine Georesources & Geotechnology, 2022, 40（6）: 712-730.

［4］ Chen D, Gao P, Huang S, et al. Static and dynamic loading behavior of a hybrid foundation for offshore wind turbines[J]. Marine Structures, 2020, 71: 102727.

［5］ Hu Q, Han F, Prezzi M, et al. Finite-Element Analysis of the Lateral Load Response of Monopiles in Layered Sand[J]. Journal of Geotechnical and Geoenvironmental Engineering, 2022, 148（4）: 04022001.

［6］ Lu W J, Li B, Li J H, et al. Numerical simulation of dynamic response and failure of large-diameter thin-walled cylinder under vibratory penetration[J]. Ocean Engineering, 2022, 249: 110936.

［7］ Suryasentana S K, Mayne P W. Simplified method for the lateral, rotational, and torsional static stiffness of circular footings on a nonhomogeneous elastic half-space based on a work-equivalent framework[J]. Journal of Geotechnical and Geoenvironmental Engineering, 2022, 148（2）: 04021182.

［8］ Wang H, Fraser Bransby M, Lehane B M, et al. Numerical investigation of the monotonic drained lateral behaviour of large-diameter rigid piles in medium-dense uniform sand[J]. Géotechnique, 2022: 1-12.

［9］ Yang X, Wang X, Zeng X. Numerical simulation of the lateral loading capacity of a bucket foundation[J]. Geotechnical Frontiers, 2017（279）: 112-121.

［10］ Davis J R. Concise metals engineering data book[M]. Netherlands:ASM International, 1997.

［11］ Wen K, Wu X, Zhu B. Numerical investigation on the lateral loading behaviour of tetrapod piled jacket foundations in medium dense sand[J]. Applied Ocean Research, 2020, 100: 102193.

［12］ Lu W, Zhang G. New py curve model considering vertical loading for piles of offshore wind turbine in sand[J]. Ocean Engineering, 2020, 203: 107228.

［13］ Tang G X, Graham J. A method for testing tensile strength in unsaturated soils[J]. Geotechnical Testing Journal, 2000, 23（3）.

［14］ Yang X, Zeng X, Wang X, et al. Performance of monopile-friction wheel foundations under lateral loading for offshore wind turbines[J]. Applied Ocean Research, 2018, 78: 14-24.

［15］ Schanz T, Vermeer P A. Angles of friction and dilatancy of sand[J]. Géotechnique, 1996, 46（1）: 145-151.

［16］ Bolton M D. The strength and dilatancy of sands[J]. Geotechnique, 1986, 36（1）: 65-78.

［17］ Jung S, Kim S R, Patil A. Effect of monopile foundation modeling on the structural response of a 5-MW offshore wind turbine tower[J]. Ocean Engineering, 2015, 109: 479-488.

［18］ Fan S, Bienen B, Randolph M F. Effects of monopile installation on subsequent lateral response in sand. Ⅱ: Lateral loading[J]. Journal of Geotechnical and Geoenvironmental

Engineering, 2021, 147（5）: 04021022.

[19] Fan S, Bienen B, Randolph M F. Effects of monopile installation on subsequent lateral response in sand. I: Pile installation[J]. Journal of Geotechnical and Geoenvironmental Engineering, 2021, 147（5）: 04021021.

[20] 苏栋，李相菘. 可液化土中单桩地震响应的离心机试验研究 [J]. 岩土工程学报，2006，28（4）.

第7章　基于等效重力盘法的极限水平承载特性计算模型

7.1　引言

复合式桩－盘基础借助单桩和重力盘的协同承载特性抵抗水平荷载，由此将产生更加复杂的土结相互作用机理，其水平承载力的评估也将变得更为困难。相关研究表明，重力盘在复合式桩－盘基础中的水平承载作用主要可以归结于重力盘和下覆土层间产生的水平摩阻力和重力盘对桩身的附加转动约束，两者均可以根据重力盘下覆土层产生的竖向土压力进行定量评估。同时，在加载过程中复合式桩－盘基础中的重力盘会与下覆土层产生分离现象，因此需要考虑重力盘和下覆土层间有效接触面积的变化规律。基于复合式桩－盘基础中各组件的荷载传递机制和失效破坏机理，可以将复合式桩－盘基础视为传统单桩基础的加强形式，通过等效重力盘的水平承载作用，简化计算基础整体水平承载特性，为海上风机复合式桩－盘基础的承载设计提供参考依据。

7.2　整体及各部件承载特性

复合式桩－盘基础由单桩基础和圆盘式重力基础组成。本书将圆盘式重力基础称为重力盘，其安装于桩周海床上，可以为单桩提供额外的转动约束，并通过与下覆土层相互作用产生水平摩擦力。埋置于一定深度的单桩基础主要利用桩身受到的桩侧阻力来抵抗水平荷载。单桩基础的失效主要是由旋转破坏所引起的 [1, 2]。相比之下，重力盘则完全依靠自身重力提供承载力，其承载能力由重力盘和盘下土层之间的摩擦力主导 [3, 4]。重力盘在高水平倾覆荷载作用下产生失效破坏，破坏过程中会产生有限的水平滑移。复合式桩－盘基础中单桩基础可以有效约束重力盘的水平滑移。与此同时，重力盘通过盘－土相互作用为单桩基础提供额外转动约束，从而增强桩身旋转刚度。单桩和重力盘的协同承载能力证明了复合式桩－盘基础的设计合理性。

一系列基础形式的水平荷载－位移曲线如图 7.1 所示。对于单桩基础来说，桩前土体变形较大，同时浅层土体因桩身挤压逐渐向上隆起。在土体响应区域可以观察到土体松弛现象，导致土体强度显著降低。在极限承载状态下单桩基础周围浅层土体形成楔形破坏面。单桩基础极限状态时的土体变形矢量图如图 7.2 所示，该矢量图通过矢量长度和箭头的指向定性地展示了土体变形的幅度和方向。相比之下，重力盘基础直接放置于土体表面上，其水平荷载－位移曲线表现出显著的应变软化特性。图 7.3（a）绘制了重力盘基础的土体变形矢量图。重力盘基础的水平承载能力由重力盘与下覆土层间的摩擦力主导。与复合式桩–盘基础相比，重力盘基础中土体的隆起现象明显减弱，说明所产生的土体致密化作用相对较弱。图 7.3（b）为复合式桩–盘基础中重力盘的土体变形矢量图。重力盘基础相较于复合式桩–盘基础，具有更为显著的平移趋势。基础倾斜和土体隆起现象产生的附加围压增大了重力盘下覆土层的强度。然而，盘下土体会随着围压作用的不断增加而逐渐破碎，从而导致重力盘的整体屈服。因此，在评估重力盘基础时，应同时考虑重力盘和下覆土层间的摩擦力和重力盘下覆土体的承载稳定性。

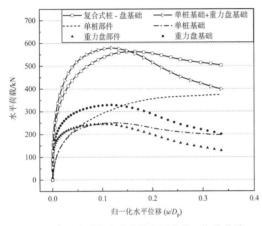

图 7.1　一系列基础形式的水平荷载–位移曲线

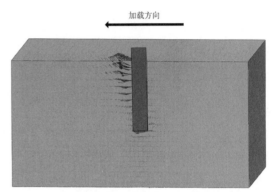

图 7.2　单桩基础破坏时的土体变形矢量图

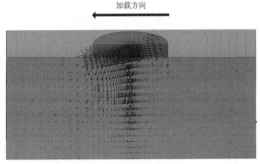

（a）重力盘基础

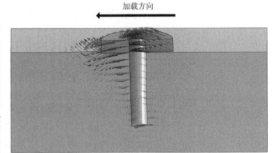

（b）复合式桩–盘基础中的重力盘部件

图 7.3　重力盘与土体变形矢量图

在图 7.1 所示的水平荷载–位移曲线中，分别展示了复合式桩–盘基础整体及复合式桩–盘基础中的单桩和重力盘的承载曲线，旨在解释其各部件间的荷载传递机制。重力盘部件的破坏模式与传统重力盘基础类似，呈现明显的应变软化特性。然而，由于重力盘部件在承载破坏时的旋转角度更大，显著降低了重力盘与下覆土层之间的有效接触面积，因此其极限水平承载力相较于传统重力盘基础存在约 30% 的降低。此外，由于单桩的存在，重力盘部件中重力盘下覆土层受到的围压作用增强，导致盘下土体更容易被压碎，从而进一步降低了重力盘部件的水平承载力。单桩部件的侧向刚度和水平承载能力在初始加载阶段与传统单桩基础保持一致。然而，单桩部件的水平承载能力随外部荷载的增加而不断提升，且并未产生屈服破坏现象。单桩部件的破坏模式由传统单桩基础的应变软化转变为应变硬化，这是由于复合式桩－盘基础中桩前土体的变形和隆起受到重力盘的限制。强化后的土体可以为单桩基础提供更大的水平承载力，抑制了浅层土体楔形破坏区的形成。因此，单桩部件的失效破坏往往由较大的旋转变形引起。虽然复合式桩－盘基础中重力盘的水平承载作用有所减弱，但是单桩水平承载力的上升保证了基础整体水平承载性能的提升。

在初始承载阶段，由于复合式桩－盘基础中重力盘的承载能力明显高于单桩，因此其承载特性主要由重力盘主导。当水平位移达到 $0.05D_p$ 时，复合式桩－盘基础中的重力盘达到极限承载状态，单桩部件的承载力逐渐超过重力盘部件，并持续增加，从而主导了复合式桩－盘基础的水平承载特性。重力盘部件大大增强了桩－土相互作用，从而改善了单桩部件的承载响应。因此，复合式桩－盘基础的初始承载刚度由重力盘主导，而其极限承载能力则由单桩决定。除此之外，研究发现，尽管复合式桩－盘基础的水平承载曲线与传统单桩基础和重力盘基础水平承载曲线简单相加后的变化趋势以及极限水平承载能力十分相似，但复合式桩－盘基础的应变软化特征并不明显。因此，复合式桩－盘基础的水平承载响应特性不能通过将传统单桩基础和重力盘基础进行简单叠加来表示，这与以前的研究一致 [5-8]。复合式桩－盘基础充分利用了传统单桩基础和重力基础的承载优势，提高了整体体系的承载稳定性。在接下来的研究中，将对复合式桩－盘基础中各部件间荷载传递机制和基础各部件间的承载破坏机理进行分开讨论，从而开展设计优化工作。

7.3 重力盘承载机制

7.3.1 盘下竖向土压力特性

桩－盘－土相互作用特性对复合式桩－盘基础整体水平承载力具有主导性作用，因此本节将对其开展进一步分析。通过研究重力盘下覆土层竖向土压力的分布特性，探究盘－土相互作用机理。重力盘在复合式桩－盘基础中的水平承载作用由其下覆土层中产生的竖向土压力决定，其主导了重力盘与土体间的相互作用特性 [6]。同时，重力盘与土体之间产生的水平摩擦力同样会增加重力盘下覆土层产生的竖向土压力 [9]。

图 7.4 绘制了复合式桩－盘基础中重力盘中心线路径处竖向土压力的分布情况。x_1 与 x_2 代表中心线上的两个特征位置，分别位于重力盘前部的最内侧和最外侧。在分析过程中考虑了三个加载阶段。阶段 Ⅰ 表示初始加载阶段，此时基础结构并未发生变形，盘下土体产生的竖向土压力主要用来抵抗重力盘的自重荷载。根据加载方向，本节将复合式桩－盘基础中的重力盘分为"盘前（Wheel-Front）"和"盘后（Wheel-Back）"，前者表示重力盘沿加载方向的前半部分，后者则表示后半部分。盘前在整个加载过程中始终与下覆土体保持部分接触。阶段 Ⅰ 中盘前受到的竖向土压力略大于盘后。随着基础开始旋转，盘前／盘后会产生对应的压缩／拉伸应力，从而影响盘下土体的受力情况。此外，桩前土体由于桩－土相互作用而产生致密化现象，导致其产生的竖向土压力略有增大。由于应力重分布作用的影响，重力盘受到的竖向土压力并非均匀分布，而是呈抛物线分布，且竖向土压力最大值位置趋近于重力盘外边缘处。在重力盘

自重引起的竖向挤压作用下，重力盘下覆土体边缘发生较大塑性变形，导致重力盘边缘附近土体处于相对较高的应力状态。从图7.2中可以观察到桩前土体的隆起现象，该现象同样提升了盘－土相互作用。随着土体与桩身的距离增加，这种提升效果逐渐减弱。因此，盘前和盘后下覆土层产生的竖向土压力逐渐趋同。盘后下覆土层虽然并没有受到桩身的上拱作用，但同样会受到应力重分布的影响，因此其竖向土压力的分布情况与盘前相似。同时，根据荷载平衡条件，同样会使重力盘两侧的竖向土压力呈对称分布趋势。

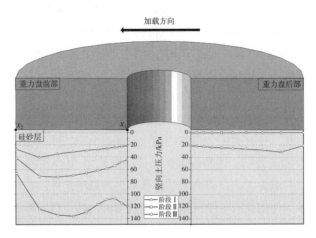

图7.4　盘下竖向土压力分布

在阶段Ⅱ，重力盘在较大的外部荷载作用下产生旋转变形，导致盘后与下覆土层完全分离。重力盘的自重荷载完全由盘前下覆土层承担，其竖向土压力大小近乎为阶段Ⅰ时的2倍。此时x_2处土体将产生不连续变形，导致其土体强度大大降低。此时，重力盘下覆土层的应力重分布程度进一步提高。

阶段Ⅲ代表复合式桩－盘基础在极限受力状态时的承载响应特性。盘前受到的竖向土压力进一步增加，分布形式由之前的抛物线分布（单极值）变为三次函数分布（双极值）。这种现象可归结为两个原因：①点x_1处土体受重力盘和单桩的双重挤压作用，单桩对桩前土体的上拱作用进一步提升了盘下土体竖向土压力；②点x_1处土体的局部塑性变形是由局部应力集中引起的，由于应力重分布程度的提升，其竖向土压力分布更加复杂。

此外，土体在点x_2处产生的竖向土压力远小于在点x_1处产生的竖向土压力，这种现象可以用三个原因来解释：①在盘－土相互作用下，点x_2处土体可能会产生较大的不连续性变形，盘前下覆土体在极限状态时受到高强度的压缩荷载而产生滑动面；随着塑性变形的积累，重力盘下覆土层逐渐形成连续裂缝，导致点x_2处的土体被破坏；②由于剪应力的存在，点x_2处土体的承压能力有所减弱；③盘前下覆土体承受来自重力盘和单桩间相互作用引起的轴向单向偏心荷载作用，其合力作用位置更接近于点x_1，导致靠近x_2侧的土体竖向土压力有所降低。

为了更清楚地展示盘－土相互作用的演化过程，图7.5绘制了Ⅰ～Ⅲ阶段重力盘下覆土体的受力示意图。随着外部荷载的增加，重力盘的旋转现象更明显，进一步减少了重力盘与下覆土层间的有效接触面积。考虑到复合式桩－盘基础的水平承载响应在很大程度上会受到盘－土相互作用的影响，本节将在接下来的研究中定量评估重力盘与土体间有效接触面积的变化规律。

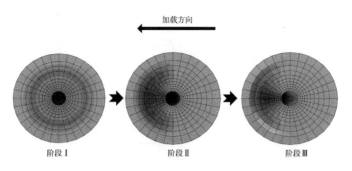

图 7.5 土 – 盘界面的渐进演化

7.3.2 重力盘与土体之间的水平摩擦力

重力盘和土体之间的水平摩擦力直接由盘 – 土相互作用所决定，其中重力盘与土体之间有效接触面积的变化至关重要。研究表明，由于外部荷载引起基础结构旋转变形，盘后与土体完全分离，因此在研究中仅计算盘前与土体有效接触面积的变化。F_{CS} 表示重力盘和下覆土层间相互摩擦产生的水平剪切力，kN，其可以从有限元模型中计算和提取，理论上表示为

$$F_{CS} = \mu F_N \tag{7.1}$$

$$F_N = \int_{x_1}^{x_2} p_N(x)\alpha_c\alpha_D\alpha_s D_w \mathrm{d}x \tag{7.2}$$

$$\alpha_s = \frac{F_{CS}}{\mu\int_{x_1}^{x_2} p_N(x)\alpha_c\alpha_D D_w \mathrm{d}x} \tag{7.3}$$

式中：μ 为重力盘和土体之间的摩擦系数；F_N 为盘下土体竖向力，kN；$p_N(x)$ 为重力盘下覆土层产生的竖向土压力，kN/m^2，本节假设重力盘下方竖向土压力沿圆周方向均匀变化；α_c 为沿圆周方向竖向土压力的折减系数，其取值为 0.8 [10, 11]；α_D 为底面积折减系数，可以用来考虑重力盘为圆环结构而非全圆形结构造成盘下土体竖向土压力的折减，通过面积评估可取 α_D=0.95；α_s 为重力盘与下覆土层间的有效接触面积折减系数；D_w 为重力盘直径。

图 7.6 中展示了计算求得的 α_s 随水平位移的变化曲线，描述了其在整个加载过程中的变化。在外力作用下，由于重力盘产生旋转变形，α_s 逐渐减小。在水平位移达到 $0.15D_p$ 时 α_s 达到最小值 0.73，此时恰好对应于基础极限承载状态。在极限承载破坏后可以观察到 α_s 略有上升趋势，可能的原因是在旋转变形过程中被挤压的土体产生部分隆起现象，造成重力盘和土体之间的接触面积产生轻微变化。根据上述研究结果，本节建议 α_s 取值为 0.73，同时假设该值在整个加载过程中保持恒定，从而进行相对保守的设计。

式（7.3）提出了一种理论预测方法，其可以根据荷载平衡方程计算 α_s，该方法可以有效研究重力盘与下覆土层间有效接触面积的变化。在此基础上，本节提出第二种方法，即通过受力云图分析直接估算 α_s 的大小。图 7.7 为极限承载状态下盘下土体的受压云图。其中，由于盘下土体的高度对称性，研究中仅展示了盘下土体的一半作为分析对象。基于区域面积 S_1 与区域面积 S_2 相等进行面积等效，可以将土体的受压面积简化为扇形面，从而可以将 α_s 表示为

$$\alpha_s = \frac{\theta_s}{\pi / 2} \qquad (7.4)$$

式中：θ_s 为等效扇形面积的展开角度，rad。

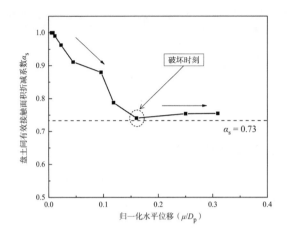

图 7.6　α_s 随水平位移的变化

根据图 7.7 所展示的结果可以发现，$\alpha_s \approx 0.75$，这与式（7.3）计算的结果误差仅为 2.7%。因此可以证明，本节建议的 α_s 取值在接下来的分析中是可行的。基础结构失效时传统重力盘基础与土体间的有效面积为 16% ~ 20%[8]。相比之下，极限承载状态下复合式桩－盘基础中重力盘和土体之间的有效接触面积则高达 36%（$\alpha_s/2$）。研究表明，在复合式桩－盘基础中，单桩部件有效提升了重力盘与土体之间的有效接触面积，从而极大地增加了基础整体水平承载性能。

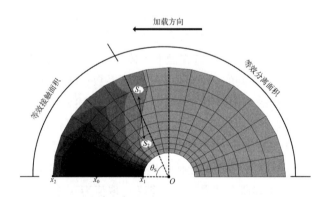

图 7.7　极限承载状态时盘下土体受力云图

盘－土界面产生的 F_{CS} 是复合式桩－盘基础整体水平承载能力的重要组成部分。在整个加载过程 F_{CS} 的变化如图 7.8 所示。在初始加载阶段，F_{CS} 迅速增加，最终由于盘－土有效接触面积不再变化而趋于稳定。通过充分考虑盘－土有效接触面积的变化，进而对盘下土体产生的竖向土压力进行积分，可直接计算盘－土水平摩擦力，其表达式为

$$F_{sw} = F_N = \mu \int_{x_1}^{x_2} p_N(x)\alpha_c\alpha_D\alpha_s D_w \mathrm{d}x \qquad (7.5)$$

式中：F_{sw} 为盘－土水平摩擦力，kN；$p_N(x)$ 为竖向土压力，kN/m^2，其分布情况如图 7.4 所示。

因此，可以根据式（7.5）计算盘－土水平摩擦力，并在图 7.8 中直接与有限元模型取得的 F_{CS} 进行对比分析，描述两者随水平位移的变化规律。结果证明，式（7.5）给出了一个相对保守的结果，尤其是在初始承载阶段。这种偏差可以归因于本节对 α_s 的简化估算。但是，式（7.5）对 F_{CS} 的预测精度在承载后期阶段逐渐改善，这有利于对基础开展极限承载状态分析。

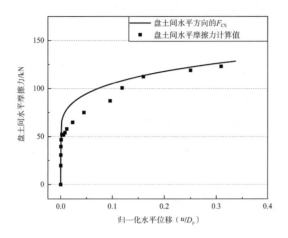

图 7.8 盘和土体之间的 F_{CS}

除重力盘自重会引起的竖向土压力外，竖向土压力还会受到 F_{CS} 的影响[12]。研究中通过简化分析，假设其为均匀分布，从而开展定量计算。相关公式表示为

$$p_s = \frac{F_{CS\text{-}ult}}{S_e} \tag{7.6}$$

$$S_e = \pi \left(\frac{D_w}{2}\right) \alpha_D \left(\frac{\alpha_s}{2}\right) \tag{7.7}$$

按照 DNV 规范规定[13]，需要将圆形重力基础面积简化为等效矩形面积，其附加应力 σ_z 计算公式如下：

$$\sigma_z = K_s p_s \tag{7.8}$$

$$K_s = f(m,n) = \frac{1}{2\pi}\left[\frac{m}{\sqrt{m^2+n^2}} - \frac{mn^2}{(1+n^2)\sqrt{m^2+n^2+1}}\right] \tag{7.9}$$

$$m = \frac{l}{B},\ n = \frac{z}{B} \tag{7.10}$$

式中：p_s 为重力盘下覆土层产生的平均水平应力，kN/m^2；S_e 为重力盘的等效面积，m^2；$F_{CS\text{-}ult}$ 为极限承载状态时盘－土水平摩擦力，kN；σ_z 为等效矩形分布的均匀应力中转角处的附加应力，kN/m^2；K_s 为应力系数；B 和 l 分别为等效矩形在平行于加载方向和垂直于加载方向的长度，m；z 为基础埋置深度，m。

在重力盘中线处竖向土压力最大，其受到的附加竖向应力同样也最大。因此，此处水平应力产生的最大附加竖向应力为

$$\sigma_z = \frac{p_s}{2\pi} \tag{7.11}$$

根据叠加原理，最大附加应力位于线 *ad* 和线 *bc*，如图 7.9 所示，其计算公式为

$$\sigma_z = \frac{p_s}{2\pi} \ll p_N \tag{7.12}$$

因此，在接下来的分析中可以忽略盘－土水平摩擦力对盘下土体竖向土压力的影响。

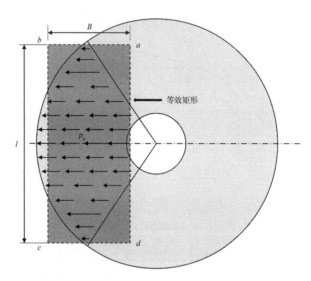

图 7.9　简化后的盘下水平土压力分布

7.3.3　重力盘对桩身的等效恢复弯矩

复合式桩－盘基础中重力盘为桩身提供了额外的转动约束，前人研究大部分采用定性评估的方法分析重力盘对桩身的转动约束作用 [6, 14]。但是，目前并没有对应的理论计算方法进行定量计算。重力盘对桩身的转动约束是由重力盘下覆土层产生的竖向土压力所提供的。盘－土相互作用会在桩身产生一个恢复弯矩，因此可以用其量化重力盘对桩身的转动约束作用。由于竖向土压力分布和盘－土间有效接触面积一直在发生变化，等效恢复弯矩在整个加载过程中也会产生对应变化。因此，可以用桩身受到的等效恢复弯矩代替重力盘对桩身的转动约束作用，从而量化桩身旋转刚度的变化。等效恢复弯矩 M_w 的计算公式为

$$M_w = x_o F_N = x_o \int_{x_1}^{x_2} p_N(x) \alpha_c \alpha_D \alpha_s D_w \mathrm{d}x \tag{7.13}$$

式中：x_o 为重力盘下覆土层竖向力与桩身的距离，m，其代表等效恢复弯矩的力臂；其余符号意义同前。

图 7.10 展示了计算求得的等效恢复弯矩随水平位移的变化趋势。在初始承载阶段，重力盘两侧均会产生竖向土压力，因此盘前和盘后会产生对称反向的等效恢复弯矩。重力盘在基础结构发生旋转变形之前处于平衡阶段，此时等效恢复弯矩大小由其自身重力决定。随着基础结构产生旋转变形，盘后与土体完全分离，导致盘－土相互作用所引起的等效恢复弯矩仅限于盘前。

重力盘对桩身的等效恢复弯矩在变形初期迅速增加，其上升速率逐渐减缓。上述现象是重力盘受到的竖向土压力和盘 – 土间有效接触面积变化的双重作用所导致的。重力盘所提供的等效恢复弯矩最终趋于稳定状态，表明此时盘下土体达到极限受压状态，使得重力盘无法进一步提供承载作用。

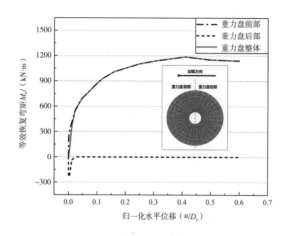

图 7.10　重力盘为单桩提供的等效恢复弯矩

研究中通过引入重力盘对桩身的额外恢复弯矩 M_w，可以将复合式桩 – 盘基础视为改进式单桩基础，从而简化复合式桩 – 盘基础水平承载特性的评估。在加载过程中 M_w 不断变化，因此本节计算了若干时刻的 M_w 并在对应时刻将其施加到桩身，由此产生的水平荷载 – 位移曲线如图 7.11 所示。在等效恢复弯矩作用下单桩基础水平承载特性显著提升。本节将这种等效基础形式定义为 $M_{w\text{-various}}$ 作用下的单桩基础。由于盘下土体竖向土压力的取值和积分需要逐步进行，所以采用连续变化的 M_w 会产生相当大的计算成本，这对于基础结构的初始设计是不利的。因此，本章中采用极限状态分析法，可以使用极限状态时的等效恢复弯矩表示整个加载过程中重力盘对桩身的转动约束作用，从而忽略等效恢复弯矩的连续变化，研究中将这种等效基础形式称为 $M_{w\text{-ult}}$ 作用下的单桩基础。$M_{w\text{-ult}}$ 作用下的单桩基础整体承载响应与 $M_{w\text{-various}}$ 作用下的单桩基础相似，但前者初始刚度要高得多，这是由于早期单桩基础受到高强度等效弯矩的作用。总

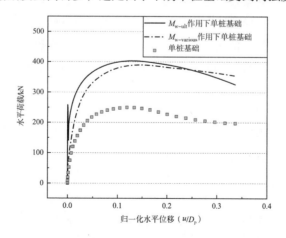

图 7.11　桩头自由和 M_w 作用下的单桩基础的水平荷载 – 位移曲线

体来说，上述两种等效基础形式计算得到的承载曲线和极限承载能力十分相似，所对应的水平破坏位移也大致相同。因此，研究中可以忽略基础初始承载时承载能力的异常增大，进而采用恒定的等效恢复弯矩 $M_{w\text{-}ult}$ 表示在整个加载过程中重力盘对桩身的额外转动约束作用。

7.4 桩–土相互作用特性

复合式桩–盘基础中重力盘的水平承载贡献可以归结于产生在重力盘与土体交界面上的水平摩擦力和作用在桩身的恢复弯矩。恢复弯矩对桩–土相互作用有明显影响，其可以提升桩身旋转刚度。上述研究介绍了重力盘水平承载作用的等效过程，本节具体研究了等效恢复弯矩法对单桩基础承载破坏特性的影响机理。

7.4.1 土体变形特性

研究中通过对单桩基础施加等效恢复弯矩，形成一种新的基础形式，即 M_w 作用下的单桩基础，以此来代替重力盘对单桩基础的旋转刚度的强化作用。重力盘和恢复弯矩均会对桩–土相互作用产生影响，因此十分必要对复合式桩–盘基础、M_w 作用下的单桩基础和单桩基础三种基础形式的桩–土相互作用进行对比研究。图 7.12 展示了三种基础形式极限承载破坏时的变形矢量图，可以发现桩身均产生一定程度上的旋转变形。随着桩身旋转刚度的提升，桩身旋转程度逐渐减弱，尤其是对于复合式桩–盘基础来说。重力盘通过旋转使其下覆土层产生较大的竖向土压力，从而对桩身提供额外转动约束。对单桩施加等效恢复弯矩同样提升了桩身旋转刚度。单桩基础和 M_w 作用下的单桩基础中桩前土体均有明显的上拱现象，导致土体松弛效应，大大降低了土体强度。然而，复合式桩–盘基础中重力盘的存在使得桩前土体被压缩，导致土体产生致密化效应，极大程度上限制了土体楔形破坏区域的形成，这也是 M_w 作用下的单桩基础与复合式桩–盘基础之间承载差异的主要原因。在复合式桩–盘基础中可以观察到桩身发生明显的旋转变形，导致重力盘与下覆土层之间紧密挤压，但基础结构整体水平滑移现象并不明显。M_w 作用下的单桩基础和单桩基础中桩周土体表现出更明显的变形，这是桩前土体隆起效应所引起的土体强度降低现象导致的。复合式桩–盘基础中重力盘会对桩前土体产生压实作用，从而有效限制了浅层土体楔形破坏区的形成。复合式桩–盘基础中桩身旋转中心深度约位于桩身埋置深度的 70%，这与以前的研究一致 [6]。由于等效恢复弯矩提升了桩身旋转刚度，土体可以提供更大的水平反力。因此，与复合式桩–盘基础相比，M_w 作用下的单桩基础和单桩基础中桩身旋转中心向下移动，特别是前者。

图 7.13 展示了上述三种基础形式的桩身水平挠度，可以更清楚地展示桩身旋转中心位置埋深的变化。与复合式桩–盘基础相比，M_w 作用下的单桩基础中桩身旋转中心相对下移，但泥面处的桩身水平挠度并没有明显差别。尽管等效恢复弯矩增强了桩身旋转刚度，但由于此时桩前土体仍将产生隆起现象，从而增大了土体水平变形。复合式桩–盘基础的旋转角度比 M_w 作用下的单桩基础更加明显，所以采用这种等效恢复弯矩分析旋转中心时应十分注意。M_w 作用下的单桩基础中桩身获得额外的转动约束，加强了桩身旋转刚度。因此，桩身水平挠度相较于单桩基础更加明显，进一步造成了 M_w 作用下的单桩基础旋转中心的下移。

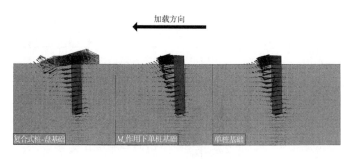

图 7.12　破坏时刻变形矢量图

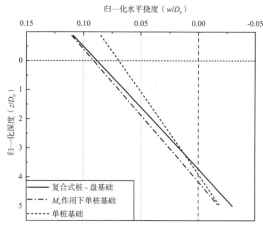

图 7.13　极限承载破坏时桩身水平位移

7.4.2　桩身土压力分布

图 7.14（a）中的桩身土压力分布情况揭示了极限承载状态时桩 – 盘 – 土相互作用机理。单桩基础承载破坏主要是由于桩前土体产生楔形破坏区[15]。由于重力盘对桩周土体的约束作用，复合式桩 – 盘基础中桩前土体在泥面处承受高水平的下压荷载，极大地提升了土体强度，因此桩身土压力主要集中分布于浅层土体。复合式桩 – 盘基础在泥面处便产生了高水平的桩身土压力。M_w 作用下的单桩基础和单桩基础两种基础形式的桩身土压力分布非常相似。尽管 M_w 作用下的单桩基础中桩身受到等效恢复弯矩作用，但其与单桩基础的承载机制是相同的。等效恢复弯矩增强了基础整体承载能力，但极限承载状态时桩 – 土相互作用并没有受到明显影响。相比于单桩基础形式，M_w 作用下的单桩基础中桩身土压力最大值有所提升，但提升幅度并不显著。同时，重力盘的压实作用使得浅层桩周土体产生致密化效应，进一步增强了复合式桩 – 盘基础中桩 – 土相互作用程度[8]。图 7.14（b）研究了这种致密化效应对桩身土压力的影响。图 7.14 中，V 为施加在重力盘上的额外竖向荷载，其可以进一步提升盘下土体的致密化程度[16]。G_0 表示重力盘的自重荷载，G 表示 G_0 和 V 之和。由于盘下土体受到的下压荷载 G 不断增加，在 $2D_p$ 深度以上的桩身土压力略有提升，但这种提升效果随着土体深度增加逐渐消失。当 G/G_0 从 1.00 增加到 2.16 时，桩身土压力最大值仅增大 11%。因此，研究中可以忽略重力盘的下压荷载对桩周土体强度的提升效果，从而进行更为保守的设计。

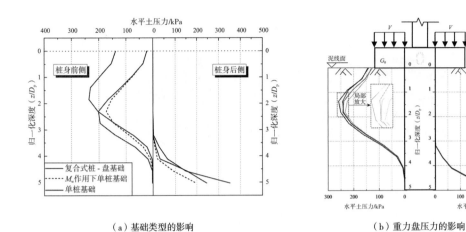

（a）基础类型的影响　　　　　　　　　（b）重力盘压力的影响

图 7.14　破坏时桩身土压力分布

7.4.3　弯矩分布特性

图 7.15 展示了极限承载状态下三种基础形式的弯矩分布，其均通过桩顶处弯矩 M_0 进行归一化处理，以更好地对比三种基础形式弯矩的分布差异。单桩基础桩头处于自由状态，其泥面以上的弯矩取决于外部荷载和塔头自重。由于复合式桩 – 盘基础和 M_w 作用下的桩盘基础两种基础形式中桩头受到额外的转动约束作用，因此桩身弯矩分布显著降低。相较于复合式桩 – 盘基础，M_w 作用下的桩 – 盘基础中桩身弯矩下降效果更为显著。由于等效恢复弯矩 M_w 基于复合式桩 – 盘基础计算得来，M_w 作用下的单桩基础中并不能调动足够的土压力来抵抗等效恢复弯矩，导致浅层土体中桩身弯矩方向会发生改变。但是，该反弯点的存在并不会导致基础的反向破坏，且有效抑制了桩身弯矩的发展。泥面以下弯矩的变化主要受桩 – 土相互作用的影响。复合式桩 – 盘基础和 M_w 作用下的单桩基础两种基础形式的桩身弯矩相比于单桩基础，降低效果更为显著。

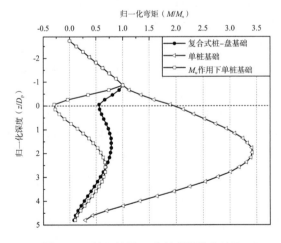

图 7.15　破坏时刻归一化的弯矩分布对比

由于重力盘对桩－土相互作用的增强效果，复合式桩－盘基础中大部分外部荷载将会由单桩部件承担。重力盘和下覆土层之间产生的水平摩擦力一定程度上限制了桩身弯矩的扩展。因此，复合式桩－盘基础中泥面以下桩身弯矩最大值的深度更浅，其桩－土相互作用主要集中于浅层土体。M_w 作用下的单桩基础中由于缺失水平摩擦力的作用，并且桩周土体也没有受到重力盘的致密化效应，桩周土体强度没有明显变化。因此，在桩－土相互作用下，桩身弯矩仍有较大的增加，其最大弯矩值的深度相较于复合式桩－盘基础有所下移。但是，由于泥面处 M_w 作用下的单桩基础的弯矩小于复合式桩－盘基础，因此两者的最大归一化桩身弯矩值十分接近，且均低于桩头弯矩。传统单桩基础中桩头处于完全自由状态，因此在泥面以上的部分，弯矩在外部荷载的作用下持续增加。随着桩－土相互作用逐渐显现，桩身弯矩的增长趋势逐渐减弱，直至达到最大弯矩值。传统单桩基础最大桩身弯矩值约等于桩头弯矩的 7.5 倍，而重力盘和等效恢复弯矩 M_w 均使得桩身最大弯矩值不超过桩头弯矩。传统单桩基础在水平荷载作用下的破坏往往是浅层土体形成楔形破坏区造成的。当单桩基础桩头受到额外的转动约束作用时，外部荷载产生的倾覆弯矩大部分被额外恢复弯矩所抵消。即使考虑到复合式桩－盘基础中外部荷载水平的提升，同样可以有效降低其桩身弯矩的分布。根据图 7.1 可知，复合式桩－盘基础和单桩基础的极限水平承载力比值小于 3，小于两者归一化桩身弯矩最大值之比。因此，桩身受到的额外转动约束虽然极大地提升了基础结构的极限承载能力，但并不会使得土体产生更强的扰动破坏作用。

7.5 基于等效重力盘法的简化分析方法

7.5.1 重力盘等效方法分析

如上所述，本节将复合式桩－盘基础中重力盘的水平承载作用等效为盘－土间水平摩擦力和对桩身的额外转动约束，从而可以将复合式桩－盘基础视为改进式单桩基础。其中，重力盘对桩身的额外转动约束可以用等效恢复弯矩进行量化。因此，有必要对等效恢复弯矩 M_w 进行参数研究，以定量分析 M_w 对单桩基础水平承载能力的提升效果。本节将 M_w 作用下的单桩基础的极限承载力 F_{M-ult} 与对应的传统单桩基础的极限承载力 F_{p-ult} 进行归一化处理，将其比值定义为桩身刚度增大系数 C_m，其表达式为

$$C_m = \frac{F_{M-ult}}{F_{p-ult}} \tag{7.14}$$

此外，研究对重力盘提供的恢复弯矩 M_w（单位为 kN·m）与施加在桩顶的弯矩 M_o 进行归一化处理（单位为 kN·m），将其比值定义为抵抗弯矩增大系数 R_m，其表示式为

$$R_m = \frac{M_w}{M_o} \tag{7.15}$$

$$M_o = eF_{p-ult} \tag{7.16}$$

式中：e 为水平荷载加载位置距离泥面的高度，m。从图 7.16 可以发现，C_m 和 R_m 存在明显的

正线性关系。

等效恢复弯矩大大增强了基础极限承载能力，两者之间的线性函数表达式为

$$C_m = 0.43R_m + 1 \qquad (7.17)$$

在此基础上，无须对桩身 $p\text{-}y$ 关系进行复杂分析即可计算复合式桩－盘基础中重力盘对单桩基础水平承载性能的提升效果，从而简化计算基础整体水平承载性能。

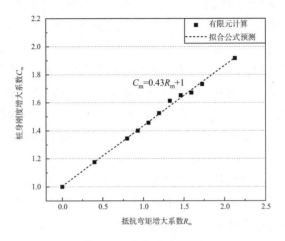

图 7.16 C_m 和 R_m 的关系

重力盘与下覆土层之间的水平摩擦力作为重力盘承载的另一重要组成部分，可以通过对盘下土体竖向土压力直接进行积分求得。以往的研究更多地关注重力盘对桩身的转动约束，忽略了盘－土摩擦力对复合式桩－盘基础水平承载特性的影响，导致对基础整体水平承载性能的估计相对保守[14]。图 7.17 中对比了重力盘的两部分等效承载作用与复合式桩－盘基础的承载响应曲线。盘－土摩擦力的加入有效弥补了 M_w 作用下的单桩基础与复合式桩－盘基础之间的承载差异。

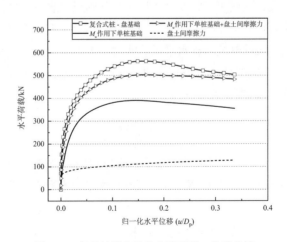

图 7.17 各种计算方法的水平荷载－位移曲线

复合式桩－盘基础与等效重力盘法计算求得的承载曲线之间仍存在少许差距，这主要归因

于重力盘对桩前土体的下压作用引起的土体致密化效应。桩前土体的隆起现象被有效限制，从而增强了土体强度和抗变形能力。此外，复合式桩－盘基础中的应变软化特性更为明显，这是因为重力盘下覆土层达成极限承压状态而失效破坏。上述分析方法等效计算了重力盘在复合式桩－盘基础中的水平承载作用，从而定量分析盘－土相互作用机制。本节提出的等效重力盘法求得的复合式桩－盘基础极限水平承载能力具有合理的保守性，从而确保了实际应用的设计安全性。

7.5.2 简化计算分析方法的建立

盘－土间水平摩擦力和重力盘对单桩的等效恢复弯矩可以根据盘下土体竖向土压力的分布计算得到，从而代替了复合式桩－盘基础中重力盘的水平承载作用。然而，盘下土体竖向土压力分布形式复杂，难以直接应用于复合式桩－盘基础的初始设计。本节旨在提出一种简化的计算方法，从而有效预测极限承载状态时复合式桩－盘基础水平承载能力。因此，根据重力盘的竖向受力特性，可以假设盘下土体竖向土压力均匀产生于等效土体区域。重力盘类似于重力式基础，其竖向承载行为由其自重荷载主导。复合式桩－盘基础中重力盘的水平滑动现象受到单桩的严格限制，从而产生较大的旋转变形。因此，在充分考虑重力盘与土体之间有效接触面积变化的前提下，本节可以简化计算盘下土体等效矩形受压面积及竖向荷载，其表达示为

$$F_{\mathrm{N}} = p_{\mathrm{N}} \left(\frac{D_{\mathrm{w}} - D_{\mathrm{p}}}{2} \right) D_{\mathrm{w}} \tag{7.18}$$

$$p_{\mathrm{N}} = \frac{2G_{\mathrm{w}}}{A_{\mathrm{w}} \alpha_{\mathrm{s}}} \tag{7.19}$$

$$G_{\mathrm{w}} = A_{\mathrm{w}} t_{\mathrm{w}} \gamma_{\mathrm{w}} \tag{7.20}$$

$$A_{\mathrm{w}} = \frac{\pi}{4} \left(D_{\mathrm{w}}^2 - D_{\mathrm{p}}^2 \right) \tag{7.21}$$

式中：F_{N} 为盘下土体作用在重力盘上的竖向荷载，kN；p_{N} 为等效平均竖向土压力，kN/m²；G_{w} 为重力盘的质量，kg；A_{w} 为重力盘的底面积，m²；t_{w} 为重力盘的厚度，m；γ_{w} 为材料单位重度，kN/m³。

根据所述简化计算方法，复合式桩－盘基础的极限水平承载力 F_{ult} 计算公式为

$$F_{\mathrm{ult}} = C_{\mathrm{m}} F_{\mathrm{ult\text{-}monopile}} + F_{\mathrm{sw}} \tag{7.22}$$

$$R_{\mathrm{m}} = \frac{\left(D_{\mathrm{w}} - D_{\mathrm{p}} \right) F_{\mathrm{N}}}{4 e F_{\mathrm{ult\text{-}monopile}}} \tag{7.23}$$

$$F_{\mathrm{sw}} = \mu F_{\mathrm{N}} \tag{7.24}$$

7.5.3 简化计算分析方法的验证

本节使用前人试验结果验证了复合式桩－盘基础简化计算方法的可行性，验证数据考虑了多种基础尺寸及土体性质的影响。复合式桩－盘基础是一种新型基础形式，目前暂无可用的工

程数据。因此，本节回顾了前人所做的相关模型试验[6, 8]，其试验详细信息列于表 7.1 中。对比文献中的试验均使用硅砂，这与本章中试验土体保持一致，但土体性质参数有所差异。复合式桩－盘基础极限水平承载力的试验实测值和预测值对比情况也列于表 7.1。对比结果表明，本章中所建立的简化计算方法预测精度较高，对复合式桩－盘基础极限水平承载能力的评估相对误差均小于 10%，满足初始设计要求。上述研究中的试验模型部件尺寸差异性较大，但并不会影响本章计算方法的预测精度，进一步证明了该简化计算方法的适用性。重力盘对复合式桩－盘基础的水平承载作用与其自重联系紧密。在复合式桩－盘基础初始设计过程中，首先采用 DNV 规范方法（$p\text{-}y$ 曲线）计算单桩基础的水平承载力；随后，根据重力盘的尺寸和盘－土间有效接触面积的变化计算其对单桩基础承载性能的强化作用，最终得到复合式桩－盘基础整体水平承载能力。本章建立的简化计算方法具有简单、高效、准确等优势，适用于复合式桩－盘基础的初步设计。并且，研究中将复合式桩－盘基础中各部件承载作用分开讨论，从而可以通过反向运算进行复合式桩－盘基础各部件尺寸的设计。

表7.1　　　　　　　　　　　　　　　　简化计算方法的验证

参考文献	土体参数			基础结构参数					极限承载力 /kN		相对误差 /%
	D_r/%	D_{50}/mm	φ/ (°)	D_w/m	t_w/m	e/m	D_p/m	L_p/m	实测值	预测值	
Lehane，et al.，2014[8]	65	0.18	33	17.5	2.625	26.25	3.33	35	17600	18817	6.9
Stone，et al.，2018[6]	94	0.25	32	0.06	0.005	0.08	0.01	0.04	0.276	0.261	-5.5
							0.01	0.08	0.561	0.546	-2.7

7.6　小结

本章旨在揭示桩－盘－土相互作用机理，探究复合式桩－盘基础承载失效模式。研究建议使用盘－土接触面积折减系数来考虑重力盘和下覆土层间有效接触面积的变化。通过等效重力盘的水平承载作用，提出了一种简化计算分析方法，预测极限承载状态时复合式桩－盘基础的水平承载力。基于与前人试验结果的对比情况，验证了该简化计算方法的预测精度。主要结论如下：

（1）复合式桩－盘基础的水平承载特性和承载刚度相较于传统单桩基础和重力盘基础显著提升。重力盘下覆土层在下压荷载作用下产生致密化效应，从而强化了桩－土相互作用，特别是在变形较大的情况。重力盘在复合式桩－盘基础中的承载占比逐渐下降，可以归因于高水平的旋转变形使得盘－土有效接触面积显著下降，加剧了盘下土体的承压失效破坏。

（2）复合式桩－盘基础中重力盘的水平承载作用包括盘－土间水平摩擦力和重力盘对桩身的转动约束作用，这两部分与盘下土体产生的竖向土压力密切相关。本章建议使用 0.73 的折减系数来考虑盘－土界面有效接触面积的降低。

（3）基于桩－土相互作用特性对比分析了复合式桩－盘基础、传统单桩基础和等效恢复弯矩作用下单桩基础的破坏模式。等效恢复弯矩有效地限制了桩身弯矩的发展，同时旋转中心位置趋于下移。复合式桩－盘基础中浅层桩身土压力显著提升，但等效恢复弯矩作用下的单桩基础与传统单桩基础的桩身土压力分布十分相近，说明仅在桩顶处施加附加转动约束对桩－土相互作用并无显著影响。

（4）基于各部件间荷载传递机制和失效破坏机理，建立了复合式桩-盘基础水平承载能力简化计算方法，即等效重力盘法。根据基础尺寸和土体性质，有效评估了重力盘对桩身的附加转动约束和盘-土间水平摩擦力。根据前人试验结果验证了所建立简化计算方法的可行性。该方法为复合式桩-盘基础在极限条件下水平承载力的估算提供了一种高效且更准确的方法。

参考文献

［1］ Sun Y，Xu C，Du X，et al. Nonlinear lateral response of offshore large-diameter monopile in sand[J]. Ocean Engineering，2020，216：108013.

［2］ Wang S，Larsen T J. Permanent accumulated rotation of an offshore monopile wind turbine in sand during a storm[J]. Ocean Engineering，2019，188：106340.

［3］ Koh J H，Ng E Y K. Downwind offshore wind turbines：Opportunities，trends and technical challenges[J]. Renewable and Sustainable Energy Reviews，2016，54：797-808.

［4］ Zhixin W，Chuanwen J，Qian A，et al. The key technology of offshore wind farm and its new development in China[J]. Renewable and Sustainable Energy Reviews，2009，13（1）：216-222.

［5］ Yang X，Zeng X，Wang X，et al. Performance and bearing behavior of monopile-friction wheel foundations under lateral-moment loading for offshore wind turbines[J]. Ocean Engineering，2019，184：159-172.

［6］ Stone K J L，Arshi H S，Zdravkovic L. Use of a bearing plate to enhance the lateral capacity of monopiles in sand[J]. Journal of Geotechnical and Geoenvironmental Engineering，2018，144（8）：04018051.

［7］ Wang X，Li J. Parametric study of hybrid monopile foundation for offshore wind turbines in cohesionless soil[J]. Ocean Engineering，2020，218：108172.

［8］ Lehane B M，Pedram B，Doherty J A，et al. Improved performance of monopiles when combined with footings for tower foundations in sand[J]. Journal of Geotechnical and Geoenvironmental Engineering，2014，140（7）：04014027.

［9］ Gebremariam F，Tanyu B F，Christopher B，et al. Evaluation of vertical stress distribution in field monitored GRS-IBS structure[J]. Geosynthetics International，2020，27（4）：414-431.

［10］ Prasad Y V S N，Chari T R. Lateral capacity of model rigid piles in cohesionless soils[J]. Soils and Foundations，1999，39（2）：21-29.

［11］ Li J，Zhang Y，Wang X，et al. Assessment of offshore wind turbine with an innovative monopile foundation under lateral loading[J]. Ocean Engineering，2021，237：109583.

［12］ Rui R，Han J，Zhang L，et al. Simplified method for estimating vertical stress-settlement responses of piled embankments on soft soils[J]. Computers and Geotechnics，2020，119：

103365.

［13］Veritas D N. Design of Offshore Wind Turbine Structure[S]. Offshore Standard DNV-OS-J101，Baerum，Norway：Det Norske Veritas AS（DNV），2004.

［14］Mokwa R L，Duncan J M. Rotational restraint of pile caps during lateral loading[J]. Journal of Geotechnical and Geoenvironmental Engineering，2003，129（9）：829-837.

［15］Terzaghi K，Peck R B，Mesri G. Soil mechanics in engineering practice[M]. New York：John Wiley & Sons，1996.

［16］Wang X，Li S，Li J. Lateral response and installation recommendation of hybrid monopile foundation for offshore wind turbines under combined loadings[J]. Ocean Engineering，2022，257：111637.

第8章　海上风机复合式桩-盘基础安装方式优化

8.1　引言

目前，复合式桩-盘基础形式仍处于研究阶段，其在工程应用中的安装方式对其水平承载特性的影响机理不明确，一定程度上限制了其在海上风电行业的进一步发展。并且，对于复合式桩-盘基础在水平-竖向荷载联合作用下桩-盘连接方式对其水平承载特性的影响机理仍没有全面的研究。因此，本章通过改变竖向荷载的大小和加载位置，建立了多种竖向加载方案，同时考虑了不同桩-盘连接方式的影响。基于极限承载状态下基础整体水平承载能力的变化对这种新型基础形式开展优化分析，并提出最优安装方案。本章研究将为复合式桩-盘基础在海上风电产业中的工程应用提供设计参考。

8.2　桩-盘连接方式对基础水平承载特性的影响

8.2.1　水平荷载-位移曲线

复合式桩-盘基础由单桩和重力盘组成。重力盘在复合体系中的功能类似于桩帽，它可以为单桩提供额外的转动约束。另外，重力盘与其下覆土体之间的摩擦力同样是基础水平承载能力的重要组成部分。单桩和重力盘之间的协作承载特性证明了复合式桩-盘基础具有设计合理性。相关研究逐渐开始关注复合式桩-盘基础中桩-盘连接方式对其水平承载特性的影响，它直接决定了海上风机复合式桩-盘基础在实际应用中的安装方式。Arshi 和 Stone [1] 认为，如果桩-盘界面能够自由产生竖向相对滑动，则可以提升复合式桩-盘基础的承载效率。其他研究团队也报告了同样的结果 [2-4]。但是，目前仍需要进一步研究以开展更深入的机理分析。本章中将复合式桩-盘基础中的桩-盘连接方式分为三种，即固定（PR）、摩擦（Frictional）和光滑（PS），其中，摩擦连接方式中桩-盘摩擦系数与直剪试验结果一致。如图 8.1 所示的结果表明，在摩擦连接方式中，重力盘和单桩之间的摩擦系数对复合式桩-盘基础水平承载特性的影响可以忽略不计。如图 8.2 所示，摩擦连接方式与固定连接方式下基础水平承载特性方面同样没有区别，这是因为重力盘和单桩之间的刚性连接产生的摩擦阻力足以限制两部分之间的相对位移。值得注意的是，复合式桩-盘基础的水平承载能力在光滑连接情况中略有降低。

在光滑连接方式情况中，重力盘和单桩之间没有摩擦。因此，桩－盘之间的荷载传递机制将有所改变。因此，接下来将进一步研究摩擦连接方式和光滑连接方式之间的承载特性差异。

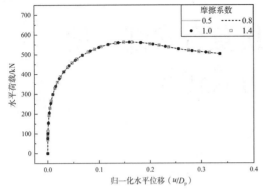

图 8.1　桩－盘摩擦连接方式中摩擦系数的影响

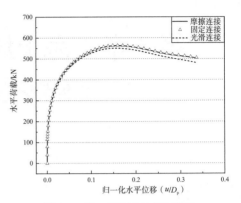

图 8.2　桩－盘连接方式的影响

8.2.2　桩－盘荷载传递机制

重力盘对复合式桩－盘基础整体水平承载能力的贡献是由单桩和重力盘之间的荷载传递机制决定的。荷载传递机制的示意图如图 8.3 所示。F_{CN} 和 F_{CS} 分别指节点处的法向水平接触力和切向水平接触力[5]。Wheel & Pile-N/S 代表桩－盘接触界面上每个节点的 F_{CN}/F_{CS} 在水平方向的分量之和。图 8.3 考虑了这两个分量随水平位移增加的变化趋势。在光滑连接方式中，Wheel & Pile-S 不再存在，重力盘所能提供的水平承载能力仅取决于 Wheel & Pile-N。摩擦连接方式相较于光滑连接方式，Wheel & Pile-N 在一定程度上有所降低。在摩擦连接方式和光滑连接方式中，重力盘的承载破坏特性均呈现出明显的应变软化特征，意味着重力盘下覆土层可能发生了挤压破坏。在水平位移达到一定程度后，重力盘对整体水平承载能力的贡献逐渐减弱，因此单桩部件逐渐成为复合式桩－盘基础水平承载的主导部分。值得注意的是，光滑连接方式中的 Wheel & Pile-N 几乎与摩擦连接方式中 Wheel & Pile-N 与 Wheel & Pile-S 之和完全相同，

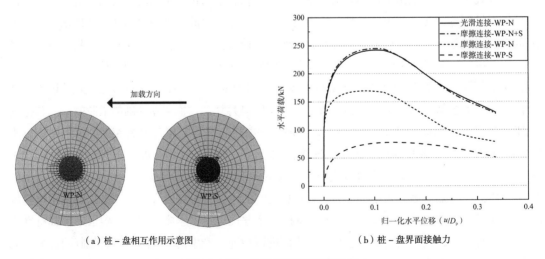

（a）桩－盘相互作用示意图　　　　（b）桩－盘界面接触力

图 8.3　桩－盘界面的荷载传递机制

因此光滑连接方式和摩擦连接方式的整体水平荷载－位移曲线较为接近。本节将这种现象描述为"阻替效应"，它有效地限制了光滑连接方式中单桩和重力盘之间的相对位移。因此，尽管摩擦连接方式和光滑连接方式情况中复合式桩－盘基础各部件间的荷载传递机制有显著差异，但两种情况中的基础水平承载特性十分相似。

不同桩－盘连接方式下复合式桩－盘基础中单桩与重力盘传力模式有所区别。图 8.4 展示了重力盘和单桩的承载占比随着水平位移的变化情况。可以发现，复合式桩－盘基础在前期主要依靠重力盘承载，其承载占比高达 80%，此时基础变形较小，桩－土相互作用并不明显。重力盘主要依靠盘－土相互作用产生的摩擦力以及重力盘抵抗旋转的能力发挥承载作用。随着变形的开展，桩－土相互作用愈加明显，并且由于重力盘会对盘下土体产生一定程度上的压实效果，桩周土体产生致密化效应，从而使得单桩部件受到土体的阻力明显提升。同时，由于重力盘边缘土体产生较大的竖向变形，可能产生裂缝使得土体压裂破坏，导致重力盘的水平承载能力逐渐下降。因此，复合式桩－盘基础中单桩部件的承载占比逐渐超过重力盘部件，在承载后期复合式桩－盘基础的承载性能主要由单桩部件所主导。随着外部荷载的进一步提升，单桩部件的承载占比继续上升，但上升趋势逐渐减弱。相较于单桩与重力盘光滑连接的情况，固定连接和摩擦连接时重力盘的承载占比下降趋势更加明显，这是由于此时重力盘的滑移现象受到严格限制，导致其旋转现象更加明显。此时，盘下土体受到重力盘的下压作用更加强烈，因此加剧了盘下土体的压裂破坏现象，同时提升了桩周土体的致密化效应，增强了桩－土相互作用。在破坏时刻，重力盘和单桩的承载占比在固定连接／摩擦连接分别为 30% 和 70%，光滑连接中分别为 40% 和 60%。

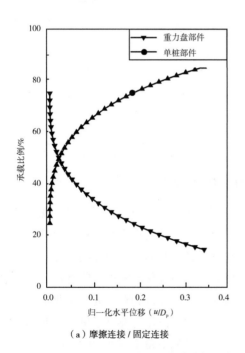

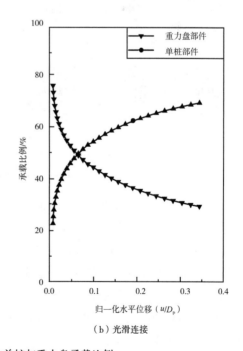

（a）摩擦连接／固定连接　　　　　　　（b）光滑连接

图 8.4　复合式桩－盘基础中单桩与重力盘承载比例

8.2.3　盘–土相互作用特性

图 8.5 绘制了沿重力盘中线竖向土压力的分布情况，并对摩擦连接方式和光滑连接方式进行了对比分析。阶段 I 代表初始承载状态，此时竖向土压力是由重力盘的自重引起的。并且，由于此时基础暂未发生旋转变形，竖向土压力在重力盘前、后两侧呈现对称分布。重力盘外边缘下覆土体产生局部塑性变形，从而导致明显的应力重分布现象。因此，现阶段盘下土体竖向土压力是以抛物线形式分布的[6]。由于重力盘的旋转趋势，在重力盘前/后会产生压缩/拉伸的轴向力，从而影响重力盘下覆土层的应力大小和分布特性。同时，由于桩–土相互作用的发展，桩前土体产生致密化效应，从而提高了土体强度。因此，盘前下覆土层产生的竖向土压力往往高于盘后下覆土层的竖向土压力。随着基础结构旋转变形的发展，盘后与下覆土层逐渐分离，即阶段 II。此时盘–土相互作用仅产生于重力盘前部，而重力盘后部已经完全与土体脱离。因此，盘后下覆土层的竖向土压力减小为 0，而盘前下覆土层产生的竖向土压力增加了近 1 倍。另外，由于盘前下覆土层承受来自桩–盘相互作用引起的竖向偏心荷载作用，重力盘外边缘下覆土层的竖向土压力明显小于最内侧下覆土层的竖向土压力。

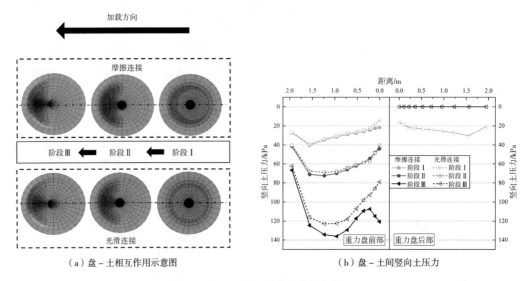

（a）盘–土相互作用示意图　　　　　　（b）盘–土间竖向土压力

图 8.5　盘–土界面的荷载传递机制

摩擦连接方式和光滑连接方式中重力盘下覆土层竖向土压力分布的差异主要体现在极限承载状态，即阶段 III。在摩擦连接方式中，盘前最内侧下覆土层受到重力盘部件和单桩部件的双重压缩作用。因此，在极限承载状态下会导致局部破坏现象，从而进一步加剧了盘下土层竖向土压力的应力重分布程度。然而，与摩擦连接方式相比，光滑连接方式中盘前下覆土层产生的竖向土压力稍有下降。在光滑连接方式中，重力盘和单桩之间允许相对滑动，因此重力盘引起的竖向土压力略微减弱。在摩擦连接方式中，作用在单桩部件的压力提升了重力盘前部下覆土层产生的竖向土压力。此外，与最内侧下覆土层相比，最外侧下覆土层产生的竖向土压力进一步下降，这可能是后者产生不连续变形造成的。由于应力重分布程度逐渐提升，竖向土压力在重力盘中心附近累积。上述结论与重力盘下覆土层竖向土压力演变图结果一致。综上所述，随着外部荷载的持续增加，复合式桩 – 盘基础在光滑连接方式中的水平承载能力逐渐弱于摩擦连接方式。

8.2.4　水平承载破坏特性

图 8.6 展示了不同连接方式时复合式桩 – 盘基础破坏时刻的变形矢量图，可以发现重力盘部件的存在一定程度上限制了单桩部件的旋转，这主要是由于重力盘对桩头产生了额外的恢复弯矩。另外，重力盘与土体之间产生的摩擦力同样为复合式桩 – 盘基础水平承载能力的重要组成部分。图 8.7 展示了桩身的水平挠度，光滑连接时单桩部件产生的水平变形略高于摩擦连接情况，可能的原因是光滑连接时重力盘与单桩之间存在相对滑动，造成桩身受到的转动约束有所降低。除此之外，光滑连接时盘 – 土相互作用有所减弱，降低了重力盘对土体的压实效果，多重因素作用下造成在单桩与重力盘光滑连接时桩身产生较大的水平变形。但是，两种连接方式中桩身的旋转中心深度大致相同，均位于 $3.5D_p$ 附近。

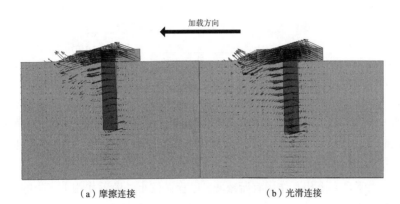

（a）摩擦连接　　　　　　　　　（b）光滑连接

图 8.6　破坏时刻变形矢量图

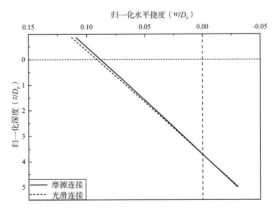

图 8.7　破坏时刻桩身水平位移

由于不同连接方式下单桩与重力盘的协同变形能力存在差别，比如光滑连接时可能产生相对位移，因此需要进一步考虑桩身旋转中心的变化。图 8.8 展示了桩身旋转中心深度处桩身截面的竖向位移，可以发现光滑连接时旋转中心相较于摩擦连接相对后移（以荷载方向为正）。

这是由于当单桩与重力盘摩擦连接时，单桩与重力盘被完全固定。正如前面提到的，在外荷载作用下，重力盘与单桩共同变形。由于重力盘在旋转的过程中盘后会产生抬升现象，同样会使得单桩产生竖向抬升。光滑连接时由于单桩与重力盘之间不存在摩擦阻力，且两者之间的相对滑动并没有被完全限制。因此单桩并不能被重力盘完全带动，造成单桩的旋转落后于重力盘。

综上所述，复合式桩-盘基础在单桩与重力盘两种不同连接方式下桩身旋转中心在深度方向大致相同，但光滑连接时由于单桩与重力盘之间会产生相对位移，造成其旋转中心相对后移。

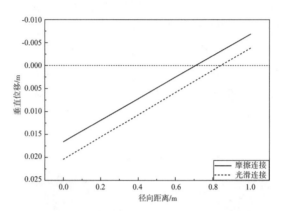

图 8.8　破坏时刻旋转中心深度处桩身截面竖向变形

复合式桩-盘基础中重力盘对桩身提供转动约束，大大降低了桩身弯矩。如图 8.9 所示，由于光滑连接时复合式桩-盘基础的水平承载能力稍弱于摩擦连接，因此传递到桩身的弯矩减弱。在单桩与重力盘的接触部分，由于受到重力盘提供的额外恢复弯矩作用，桩身弯矩明显下降。光滑连接时由于盘-土相互作用有所减弱，尽管在较小外荷载作用下产生的倾覆弯矩较小，但在泥面处的桩身弯矩有所增大，导致其在泥面以下桩身弯矩最大值增大。两种连接方式中泥面以下最大弯矩处的位置埋深大致相同。

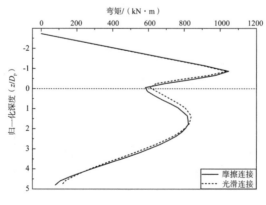

图 8.9　破坏时刻桩身分布

桩身弯矩在泥面以下的变化与桩-土相互作用息息相关，并且根据图 8.4 可知复合式桩-盘基础极限状态下的水平承载能力主要由单桩部件提供，因此十分有必要对桩身土压力进行分析。桩身土压力分布情况如图 8.10 所示，可以发现泥面处桩身土压力处于较高水平。并且，

在泥面以下 $2D_p$ 范围内，光滑连接时的桩身弯矩略大于摩擦连接情况。桩周土体由于受到重力盘的下压作用，将产生致密化效应，在光滑连接时盘 – 土相互作用较弱，导致桩周土体产生的水平土压力相对较小。当埋深超过 $2D_p$ 时，重力盘对土体的强化作用逐渐减弱。两种连接方式下桩身土压力的差别逐渐消失。两种情况中桩身的旋转中心均位于 $3.5D_p$ 深度附近，这与图 8.9 中的现象一致。复合式桩 – 盘基础中由于重力盘对盘下土体的压密作用，桩周土体将产生致密化效应，且与盘 – 土相互作用程度紧密相关。重力盘为桩身提供的恢复弯矩大大降低了桩身弯矩的分布，减弱了桩周土体的受扰动程度，限制了楔形破坏区的形成。因此，复合式桩 – 盘基础中单桩部件的水平承载能力相较于单桩基础有较高水平的提升。

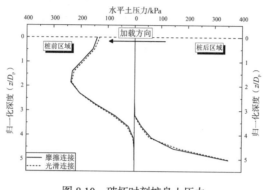

图 8.10　破坏时刻桩身土压力

8.3　竖向承载特性

8.3.1　竖向荷载 – 位移曲线

在研究复合式桩 – 盘基础的水平 – 竖直荷载耦合承载特性前，首先需要对不同基础形式的竖向承载特性进行评估，从而确保不超过基础极限竖向承载能力。在复合式桩 – 盘基础光滑连接模型中，重力盘和单桩在竖向承载时相互独立。因此，本节分析了单桩（Pile-only）、单盘（Wheel-only）和桩 – 盘固定连接的复合式桩 – 盘基础（Hybrid-PR）三种基础形式的竖向承载特性，竖向荷载 – 位移曲线如图 8.11 所示。在初始承载阶段，单桩基础产生了明显的弹性变形。随着竖向荷载的不断增加，桩端附近的土体会出现较大的塑性变形。当沉降量达到 $0.02D_p$ 时，竖向承载力会产生一个小的跃升，然后保持继续增长的趋势，但增长趋势逐渐减弱。单盘基础相较于单桩基础，具有更高的竖向承载力和竖向刚度，这是由于重力盘具有更大的土体响应面积。并且，本章采用短刚性桩，桩侧摩擦阻力十分微弱，因此重力盘的极限竖向承载力更高。单盘基础竖向承载刚度在早期逐渐增强，当基础沉降量超过 $0.025D_p$ 时，单盘基础竖向刚度会降低到一个稳定的水平。重力盘下覆土层因受到围压作用而产生致密化效应，导致其在极限竖向承载状态下会发生较大塑性变形。施加在桩 – 盘固定连接的复合式桩 – 盘基础上的竖向荷载由重力盘和单桩共同承担。重力盘的竖向承载力明显高于单桩，因此在初始承载阶段，桩 – 盘固定连接的复合式桩 – 盘基础上的竖向承载特性主要由重力盘主导。随着沉降逐渐增加，单桩

117

部件的竖向承载性能逐渐显现。在沉降达到 $0.025D_p$ 之前，单盘基础和桩 – 盘固定连接的复合式桩 – 盘基础的竖向承载特性是高度重合的。当沉降量达到 $0.1D_p$ 时，就可以确定为基础的极限竖向承载力[7, 8]。桩 – 盘固定连接的复合式桩 – 盘基础的竖向承载机制与单盘基础类似，这意味着重力盘在桩 – 盘固定连接的复合式桩 – 盘基础竖向承载过程中起主导作用。桩 – 盘固定连接的复合式桩 – 盘基础的极限竖向承载力小于单桩基础和单盘基础之和，这是由于浅层土体中存在应力重叠区[9, 10]。

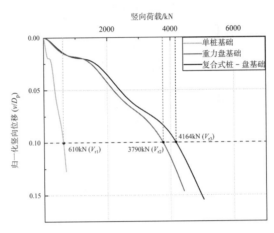

图 8.11　竖向荷载 – 位移曲线

8.3.2　竖向加载方案

本节考虑了两种竖向加载方案，即竖向荷载施加在单桩部件和竖向荷载施加在重力盘部件的情况。因此，需要确定两个极限竖向加载值。V_{r1}、V_{r2} 和 V_{r3} 分别代表单桩基础、单盘基础和固定连接的复合式桩 – 盘基础的极限竖向承载特性。由于 $V_{r3} > V_{r2}$ 且 $0.9V_{r3} < V_{r2}$，所以用 V_{r3} 来代表复合式桩 – 盘基础最危险的竖向承载情况。如表8.1所示，本节通过对基础施加（0.3 ~ 0.9）V_r 范围内的竖向荷载来表示其不同竖向承压状态。表8.2 总结归纳了详细的竖向加载方案。需要说明的是，所施加的竖向荷载是在原有上部结构的自重荷载之外额外施加的。缩写的前两个

表8.1			竖向荷载大小			
荷载施加位置	$0.3V_{r1}$	$0.6V_{r1}$	$0.9V_{r1}$	$0.3V_{r3}$	$0.6V_{r3}$	$0.9V_{r3}$
单桩 /kN	183	366	549	1249	2498	3748
重力盘 /kPa	9.8	19.6	29.4	66.9	133.7	200.6

表8.2	复合式桩 – 盘基础竖向加载方案汇总			
桩 – 盘连接方式	竖向荷载施加位置：重力盘		竖向荷载施加位置：单桩	
	（0.3 ~ 0.9）V_{r1}	（0.3 ~ 0.9）V_{r3}	（0.3 ~ 0.9）V_{r1}	（0.3 ~ 0.9）V_{r3}
PR		PRVW3	PRVP1	PRVP3
PS	PSVW1	PSVW3	PSVP1	

字母（PR，PS）表示连接方式，第四个字母则代表竖向荷载的施加位置，最后一个数字表示施加竖向荷载的极限值（V_{r1}，V_{r3}）。例如，"PRVP1"代表将极限竖向荷载 V_{r1} 施加到固定连接方式的复合式桩–盘基础的单桩部件上。在此基础上，可以深入研究水平–竖向荷载联合作用下桩–盘连接方式对基础水平承载特性的影响。

8.4 水平–竖向荷载耦合承载特性

复合式桩–盘基础的水平承载力由单桩和重力盘的协作承载特性所主导。复合式桩–盘基础中的荷载传递机制对桩–盘–土相互作用特性具有显著影响。本章已经对不同桩–盘连接方式下复合式桩–盘基础的承载机制差异进行了详细的分析。然而，桩–盘连接方式对基础整体水平承载性能的影响与竖向荷载联系密切。对于传统单桩基础来说，其上部结构往往与单桩固定在一起，上部结构自重引起的竖向荷载直接传递给单桩。对于复合式桩–盘基础来说，通过在桩周海床表面安装重力盘，上部结构可以通过套筒与重力盘进行连接，此时竖向荷载将直接作用于重力盘。在这种安装方式下，桩–盘–土相互作用模式相较于传统安装方式将有所不同。当竖向荷载施加到重力盘上时，可以确保重力盘和下覆土层之间更为密实地接触，从而增加重力盘对基础整体水平承载能力的贡献，提高复合式桩–盘基础水平承载效率。该安装方案于2012年首次提出，其合理性已得到充分的实验验证[11]。

8.4.1 水平荷载–位移曲线

8.4.1.1 竖向荷载施加位置的影响

图 8.12 展示了固定连接方式下复合式桩–盘基础的一系列水平荷载–位移曲线图，其中，竖向荷载分别施加在重力盘和单桩上。可以发现，随着竖向荷载从 $0.3V_{r3}$ 上升到 $0.9V_{r3}$，复合式桩–盘基础的水平承载能力显著提升，但初始刚度却略有下降。可能的原因是土体在竖向荷载作用下产生较大的附加应力，当基础结构产生旋转变形后，周围土体会出现较为明显的塑性变形。PRVW3 和 PRVP3 两种模式的承载响应并没有明显差异。在固定连接方式中，重力盘和单桩在受力过程中可以被视为一个整体。因此，桩–盘–土相互作用不会受到竖向荷载加载位置的影响。值得注意的是，在达到极限承载状态后，PRVW3 和 PRVP3 之间的承载特性出现微小差异。结果表明，施加在重力盘上的竖向荷载更有利于维持基础整体稳定性。在基础结构产生较大变形后，PRVW3 中重力盘和土体具有更为紧密的连接，可以保证基础受力的大变形稳定性。总体来说，PRVW3 和 PRVP3 在极限承载状态下的水平承载差异可以忽略不记。

如图 8.13 所示，竖向荷载加载位置在光滑连接方式下的影响更为显著。由于 V_{r3} 超过了单桩基础的极限竖向承载能力，所以采用 V_{r1} 作为极限竖向荷载值。随着竖向荷载的增加，复合式桩–盘基础在光滑连接方式中的阻替效应逐渐消失。PSVW1 的水平承载能力明显高于PSVP1。当竖向荷载施加到单桩上时，复合式桩–盘基础水平承载性能略有提升，这是因为桩前土体应力以及沿桩埋深方向发展的桩身摩擦阻力的增加。在 PSVP1 模式中，桩端阻力和桩侧摩擦阻力均会受到竖向荷载的作用而上升，而重力盘和浅层土体并不会受到竖向荷载的影响。PSVW1 模式中复合式桩–盘基础的水平承载能力在竖向荷载的作用下会显著提升，这表明重力盘下覆土层受到竖向荷载的致密化作用。施加到重力盘部分的竖向荷载可以有效增加盘–土界面水平摩擦力和桩–盘界面恢复弯矩，从而提升复合式桩–盘基础水平承载特性。

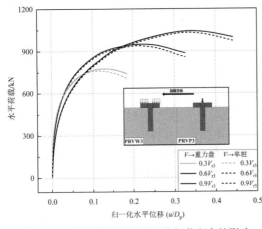

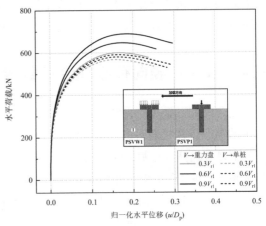

图 8.12　在固定连接方式下竖向加载方案的影响　　图 8.13　在光滑连接方式下竖向加载方案的影响

8.4.1.2　桩–盘连接方式的影响

　　当竖向荷载作用于单桩部件时，桩–盘连接方式的影响如图 8.14 所示。在 PSVP1 模式中，复合式桩–盘基础的水平承载特性并没有明显增加，而在 PRVP1 模式中的水平承载特性的提升效果则要明显得多。在 PRVP1 模式中，重力盘和单桩作为一个整体共同抵抗外部荷载，这几乎消除了竖向荷载施加位置的区别。基础受到的竖向荷载由重力盘和单桩共同承担，重力盘下覆土层和桩端土体都得到了加强。此外，当竖向荷载施加在重力盘部件时，本节也进行了类似的对比分析。如图 8.15 所示，随着竖向荷载的增加，复合式桩–盘基础的水平承载能力显

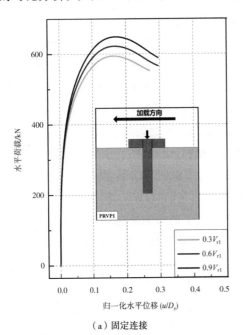

（a）固定连接

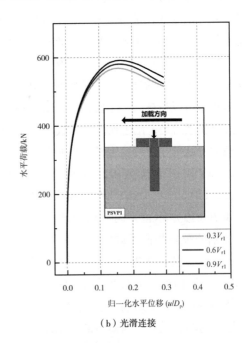

（b）光滑连接

图 8.14　不同连接方式下的水平荷载–位移曲线对比

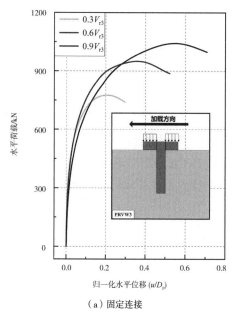

（a）固定连接

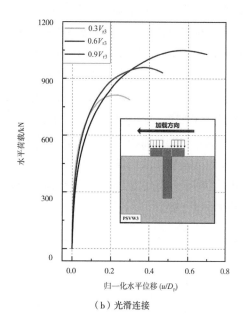

（b）光滑连接

图 8.15 不同竖向加载方案水平荷载–位移曲线对比

著提升，而初始刚度却略有下降。值得注意的是，PSVW3 模式的水平承载能力略大于 PRVW3 模式，这是由于土体响应区域强度的提升效果在前者更为明显。在光滑连接方式中单桩和重力盘之间可以产生相对滑动，施加到重力盘部件的竖向荷载进一步提升了重力盘与下覆土层之间的相互作用程度。在竖向荷载的作用下，重力盘的旋转抬升现象受到很大限制，从而有效增加了盘–土有效接触面积。因此，竖向荷载对光滑连接方式中复合式桩–盘基础承载性能的影响更大。综上所述，与 PSVP 模式相比，PSVW 模式的水平承载特性更具优势。

8.4.2 极限水平承载能力

复合式桩–盘基础是一种新型的海上风电机组支撑结构，目前更多的处于研究阶段。复合式桩–盘基础复杂的承载机制仍然是限制其广泛应用的重大挑战，现阶段有待于更详细地研究。因此，相关学者基于极限状态分析方法研究复合式桩–盘基础中的桩–盘–土相互作用机理及其承载失效模式[7, 12]。图 8.16 总结了不同桩–盘连接方式和竖向荷载加载方案下复合式桩–盘基础的极限水平承载能力。在固定连接方式中复合式桩–盘基础的极限水平承载力并不会受到竖向荷载加载位置的影响。当没有额外竖向荷载作用时，固定连接方式下复合式桩–盘基础极限水平承载能力高于光滑连接情况，这与离心机试验相符[2]。光滑连接方式下复合式桩–盘基础水平承载特性从一个非常小的竖向荷载水平（$0.3V_{r1}$）便开始显示其优越性。随着重力盘受到竖向荷载的作用，其水平承载能力逐渐超过固定连接情况，并且其承载优势随着竖向荷载的增加愈加凸显。在 PSVW 模式中，重力盘和单桩之间可以相对滑动，相比于 PRVW 模式，PSVW 模式中重力盘下覆土层强度得到进一步提高。随着竖向荷载逐渐增加到基础极限竖向承载能力，PSVW 和 PRVW 两种模式之间的承载差异变得不再明显。此刻重力盘下覆土体逐渐达到最大承压应力状态，并且有被压坏的趋势。相反，在 PSVP 模式中，桩端阻力和桩身侧摩阻力的增加并不会使得基础水平承载能力得到明显提升。

　　本节将复合式桩–盘基础水平承载能力增量（ΔF）和竖向荷载增量（ΔV）之比定义为压缩增强系数（$\Delta F/\Delta V$）。图 8.16 和图 8.17 绘制了压缩增强系数随竖向荷载变化的发展趋势。在固定连接模式中，压缩增强系数随竖向荷载增加以线性趋势下降，在 PSVW 和 PSVP 两种模式中也呈现类似的下降趋势。不同的是，PSVP 模式中的压缩增强系数明显弱于其他情况，表明在 PSVP 模式中竖向荷载不利于提高基础的水平承载能力。在竖向荷载达到 1000kN 前，PSVW 模式中的压缩增强系数大于固定连接模式。随着竖向荷载的持续增加，两种情况中压缩增强系数的差异逐渐消失。与 PRVW/PRVP 模式相比，PSVW 模式对基础周围土体强度的提升效果更为明显。因此，在水平–竖向荷载耦合作用下，PSVW 模式可以更充分地发挥复合式桩–盘基础承载优势。

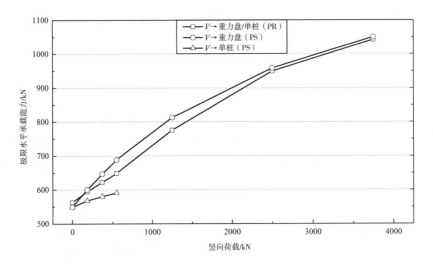

图 8.16　不同桩–盘连接方式和竖向加载方案下的复合式桩–盘基础极限水平承载能力

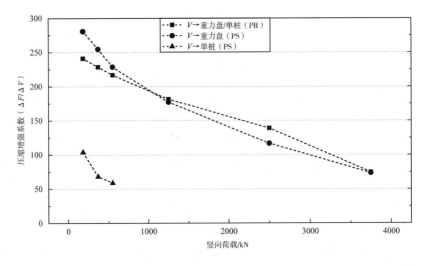

图 8.17　不同桩–盘连接方式和竖向加载方案下的复合式桩–盘基础压缩增强系数

8.4.3 土体响应云图和盘−土有效接触面积

复合式桩−盘基础的承载响应特性主要由桩−盘−土相互作用主导。基础周围土体应力的分布可以直接反映基础的破坏机制。重力盘与下覆土层间有效接触面积的变化同样会对基础整体承载特性产生显著影响。图 8.18 为极限状态时一系列桩−盘连接方式和竖向加载方案组合下的土体应力云图以及盘−土有效接触面积示意图。基于桩−盘−土相互作用特性，在接下来的研究中综合分析了桩−盘连接方式和竖向荷载加载方案对复合式桩−盘基础水平承载特性的影响机理。

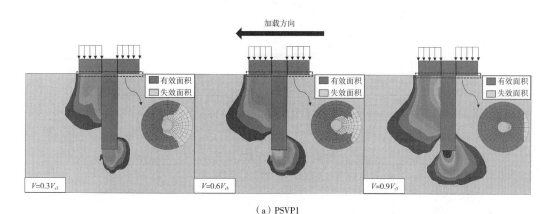

（a）PSVP1

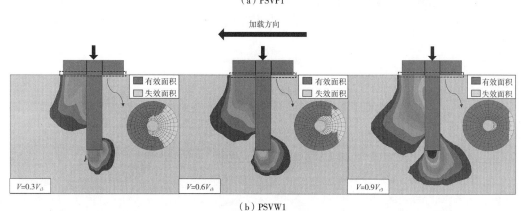

（b）PSVW1

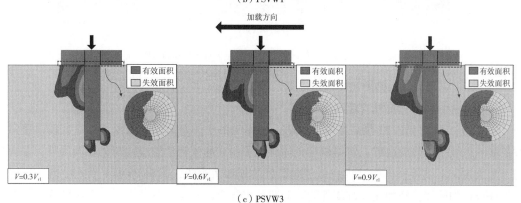

（c）PSVW3

图 8.18（一） 土体应力云图和盘−土有效接触面积变化

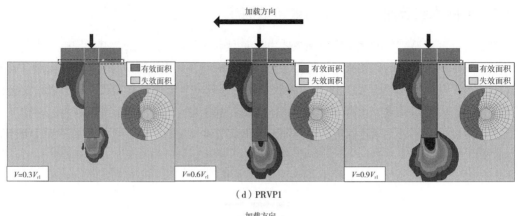

（d）PRVP1

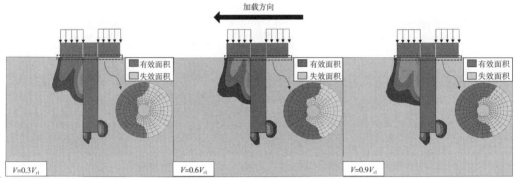

（e）PRVP3

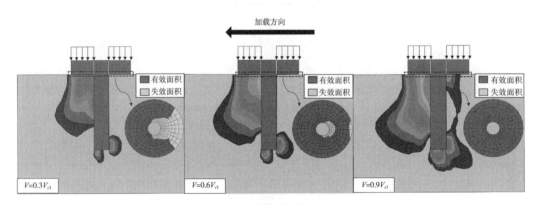

（f）PRVW3

图 8.18（二） 土体应力云图和盘－土有效接触面积变化

8.4.3.1 桩–盘连接方式的影响

1. 竖向荷载施加到单桩的情况

图 8.18（a）为 PSVP1 模式中复合式桩–盘基础的土体应力分布云图。可以发现，竖向荷载扩展了桩端土体响应区域，使得桩端土体出现了明显的致密化效应。与之不同的是，重力盘与下覆土层间有效接触面积并没有因竖向荷载的施加而改变，表明 PSVP1 模式中盘–土相互作用并未得到改善。施加在单桩部件的竖向荷载主要会对深层土体产生作用，所以重力盘部件的承载响应并没有受到影响。复合式桩–盘基础的水平承载能力主要由浅层土体和重力盘对单

桩的约束作用决定，而在 PSVP1 模式中土体应力分布并没有明显改善。

图 8.18（d）为 PRVP1 模式中复合式桩 – 盘基础土体响应示意图。在竖向荷载作用下，重力盘下覆土层和桩周土体的应力水平均明显提升。在固定连接方式中，单桩和重力盘作为整体共同承担竖向荷载。重力盘的土体响应区域明显大于单桩，因此可以承担更多的竖向荷载。在 PRVP1 模式中，竖向荷载主要由重力盘承担。重力盘下覆土层土体应力水平明显提升，从而进一步加强了盘 – 土和桩 – 土相互作用。同时，竖向荷载有效限制了重力盘的旋转抬升现象，在很大程度上保持了重力盘与下覆土层的有效接触。然而，在这种情况中，竖向荷载相比于重力盘自重较小。因此，竖向荷载对盘 – 土有效接触面积的提升效果并不明显。综上所述，在固定连接方式中，复合式桩 – 盘基础受到的竖向荷载很大一部分由重力盘承担，大大加强了基础附近土体应力水平，从而提升了基础整体水平的承载性能。

2. 竖向荷载施加到重力盘的情况

图 8.18（f）为 PRVW3 模式中的土体应力云图，此时竖向荷载由重力盘和单桩共同承担。作用到重力盘上的竖向荷载大大增加了盘 – 土有效接触面积，而另一部分竖向荷载则从单桩部件转移到桩端土体。相比之下，PSVW3 模式中几乎所有的竖向荷载都由重力盘部件承担。在高水平的竖向荷载作用下，重力盘的旋转刚度显著提升。在基础承载变形过程中，重力盘和单桩之间可能会出现明显的相对滑动。当竖向荷载增加到 $0.9\ V_{r3}$ 时，重力盘和下覆土层处于完全接触状态，极大地提升了重力盘下覆土层的应力水平。重力盘对单桩的约束效果加强，进而提升了基础整体水平承载性能。在光滑连接方式中，单桩可以自由向下滑动。PSVW3 模式中盘 – 土有效接触面积显著扩展，桩周土体响应区域在深度和广度上均有明显扩展。因此，随着竖向荷载的增加，PSVW3 模式中复合式桩 – 盘基础水平承载性能相较于 PRVW3 模式具有更为明显的提升。综上所述，桩周土体强度的增加对于提高基础整体水平承载能力至关重要。

8.4.3.2 竖向荷载施加位置的影响

1. 桩 – 盘光滑连接的情况

PSVW1 和 PSVP1 两种模式的水平承载特性中存在明显差异。对于 PSVP1 模式，基础受到的竖向荷载主要由单桩部件承担，而盘 – 土有效接触面积并没有改善。因此，即使基础受到额外竖向荷载作用，但复合式桩 – 盘基础整体水平承载性能的提升并不明显。相反，在 PSVW1 模式中，虽然桩端土体应力云图没有明显变化，但重力盘与下覆土层间有效接触面积随着竖向荷载的提升而显著扩展。桩周响应区域土体强度大大提升，盘 – 土相互作用也因两者之间有效接触面积的增加而得到极大改善。综上所述，PSVW 模式中土体强度得到了更加充分的利用，从而更有利于基础整体水平承载性能的发挥。

2. 桩 – 盘固定连接的情况

在固定连接方式中，无论竖向荷载的加载位置位于何处，单桩和重力盘都是作为整体共同抵抗外部竖向荷载。当竖向荷载加载位置改变时，桩周土体应力分布没有明显差异。同时，在整个加载过程中，重力盘与下覆土层间的有效接触面积几乎没有差异。

8.4.4 承载破坏机理分析

上述研究基于基础附近土体应力场的分布与发展，探讨了不同形式下复合式桩 – 盘基础的承载响应特性。在接下来的研究中，将通过曲线数据进一步揭示复合式桩－盘基础的承载破坏机理。复合式桩－盘基础由单桩和重力盘组成，两者之间的荷载传递机制直接决定了整体承载失效模式。研究中通过 PSVW3 和 PRVW3 两种模式对比分析桩－盘连接方式的影响，同时使用 PSVW1 和 PSVP1 两种模式对比分析竖向加载方案的影响。

8.4.4.1　复合式桩－盘基础中单桩部件承载失效机制

复合式桩－盘基础中单桩部件的水平承载响应依赖于桩－土相互作用，其中浅层土体提供的桩身土压力主导了单桩部件的水平承载特性。研究通过对桩－土界面节点力的水平分量进行求和，从而得到复合式桩－盘基础中单桩部件的水平承载曲线。复合式桩－盘基础中桩身土压力分布是桩－土相互作用的重要体现，而弯矩分布则可以反映基础结构在桩－盘－土相互作用下的荷载传递机制。因此，在接下来的研究中，将提供相应的土压力和弯矩数据来研究复合式桩－盘基础中单桩部件的承载破坏机理。

1. 光滑连接（PS）与固定连接（PR）的区别

图 8.19 展示了一系列单桩部件的水平荷载－位移曲线，用以研究复合式桩－盘基础中单桩部件的水平承载特性。结果表明，复合式桩－盘基础中单桩部件与传统单桩基础在破坏模式上存在明显差异，后者存在明显的承载屈服点，表现出显著的应变软化特性，而前者则表现为应变硬化特性。破坏模式的改变可归因于复合式桩－盘基础中桩周土体产生的致密化效应。复合式桩－盘基础中单桩部件的初始承载刚度随着竖向荷载的增大而逐渐下降，这也在复合式桩－盘基础整体水平承载曲线中有所体现。PRVW3 模式下复合式桩－盘基础水平承载力随竖向荷载的增加而提升。但是，随着盘下土体逐渐达到最大承压状态，基础整体水平承载力的提升效果逐渐减弱。在未施加竖向荷载的情况中，复合式桩－盘基础中单桩部件在光滑连接模式下的水平承载力小于固定连接模式。然而，在 PSVW3 模式中竖向荷载对复合式桩－盘基础中单桩部件水平承载特性的提升效果大于 PRVW3 模式。因此，随着竖向荷载逐渐增大，PSVW3 模式中单桩部件的水平承载能力逐渐高于 PRVW3 模式。上述研究表明，相较于 PRVW3 模式，PSVW3 模式中桩周土体会产生更为明显的致密化效应，使得桩－土相互作用产生更明显的提升效果，因此光滑连接方式下竖向荷载对单桩部件水平承载能力的提升效果更加显著。值得注意的是，当竖向荷载从 $0.6\,V_{r3}$ 增加到 $0.9\,V_{r3}$ 时，PSVW3 模式中单桩部件的水平承载力反而呈现下降趋势。根据图 8.18（c）中的土体应力云图可以发现，在竖向荷载达到 $0.9\,V_{r3}$ 时，PSVW3 模式中重力盘部件与下覆土层中的脱离现象受到严格限制，在外荷载作用下重力盘始终与土体保持完全接触状态，这将导致复合式桩－盘基础中单桩受到桩后浅层土体产生的附加主动土压力作用，其与外部荷载方向一致，不利于单桩部件的水平承载。然而，在竖向荷载达到 $0.9\,V_{r3}$ 时，PSVW3 模式中复合式桩－盘基础的整体水平承载能力仍有所提高，这同样由于此时重力盘部件与土体之间始终保持完全接触状态，极大改善了盘－土相互作用。重力盘部件的承载稳定性得到进一步加强，进而弥补了单桩部件承载能力的降低，成为基础整体水平承载能力提升的主要动力。

图 8.20 展示了一系列复合式桩－盘基础的桩身土压力分布曲线。桩身土压力随着竖向荷载的增大逐渐提高，尤其是当竖向荷载从 $0.6\,V_{r3}$ 增大到 $0.9\,V_{r3}$ 的过程中，说明竖向荷载显著提升了桩周土体的强度。基础极限承载破坏时土体变形随竖向荷载的增大而增大，从而增强了桩－

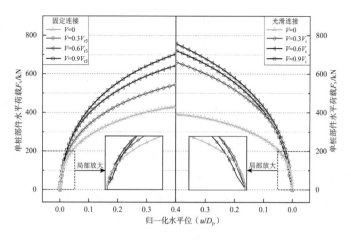

图 8.19 不同连接方式下单桩部件的水平荷载 - 位移曲线

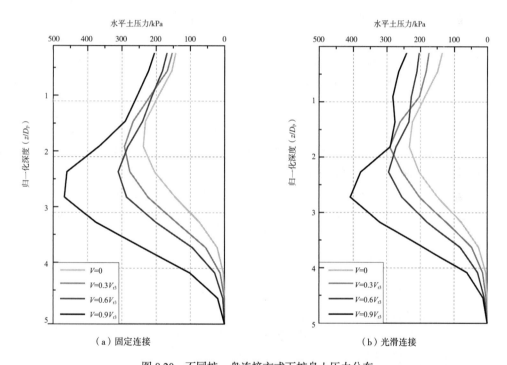

（a）固定连接　　　　　　　　　　　　　　（b）光滑连接

图 8.20 不同桩 - 盘连接方式下桩身土压力分布

土相互作用。此外，重力盘和竖向荷载对桩周浅层土体的压实作用限制了土体楔形破坏面的形成，从而增加了土体的响应深度。值得注意的是，在 PSVW3 和 PRVW3 两种模式中，泥面处的桩身土压力存在明显差异。泥面处桩身土压力与泥面所受的竖向压力密切相关。根据图 8.18（f）所示的应力云图可以发现，PRVW3 模式中有一小部分竖向荷载沿桩身传递到了桩端土体。因此，PSVW3 模式中传递到盘下土体上的竖向荷载高于 PRVW3 模式，使得 PSVW3 模式中泥面处的桩身土压力更高。在 $0.9V_{r3}$ 作用下，PRVW3 模式中桩身土压力的整体分布明显高于 PSVW3 模式。究其原因，一方面是由于 PSVW3 模式中桩周土体更多地承担重力盘自重和竖向荷载产生的下压荷载，减小了水平方向桩身土压力的发展。另一方面，PSVW3 模式中

127

允许重力盘与单桩间发生相对滑动,因此施加到重力盘上的竖向荷载几乎全部由盘下土体承担。然而,PRVW3 模式中重力盘与单桩固定连接,重力盘在旋转抬升过程中也会对桩前土体产生侧向压力,从而改善了盘−土相互作用,从而在一定程度上提高了桩身土压力。

复合式桩−盘基础中弯矩的分布可以直观地反映桩−盘−土相互作用下各部件间荷载传递机制。图 8.21 绘制的一系列弯矩分布曲线。结果表明,桩顶弯矩大小与外部荷载存在明显的线性关系。复合式桩−盘基础中重力盘对桩身的额外转动约束从桩−盘交界面传递到桩身,从而有效降低了桩身弯矩的分布。与此同时,重力盘承担了一部分外部荷载,极大地限制了桩身弯矩在土体中的扩展。桩身弯矩随着竖向荷载的增大逐渐增大,土体中桩身弯矩最大值的深度也随之增加。竖向荷载提高了复合式桩−盘基础中单桩部件的水平承载能力,意味着将有更大一部分外部荷载作用于桩身。随着竖向荷载的增大,桩身土压力的提升效果并不能完全抵消传递到桩身的水平荷载的提升。因此,泥面以下桩身弯矩的扩展趋势更为显著。桩−土相互作用深度随着竖向荷载的增大逐渐下移,进一步提高了泥面以下最大弯矩位置的深度。值得注意的是,当竖向荷载从 $0.6\,V_{r3}$ 增加到 $0.9\,V_{r3}$ 时,复合式桩−盘基础中桩后土体产生的主动土压力同样提升了桩身弯矩。与光滑连接(Smooth)不同,在固定连接(Fixed)情况中重力盘与单桩完全绑定为一个整体,更有利于两者之间水平荷载的传递。相较于 PSVW3 模式,PRVW3 模式中桩−盘相互作用更加明显,重力盘对桩身的转动约束作用更加显著,在桩−盘界面可以产生更大的恢复弯矩。因此,桩身弯矩的方向在桩−盘界面处发生明显变化,从而产生反向弯矩。反向弯矩相对较小,并且基本不会向泥面以下传递,从而保证了基础结构不会发生反向破坏。PRVW3 模式中重力盘部件的旋转几乎完全由单桩部件主导,而 PSVW3 模式中两者之间可以独立地承担竖向承载。因此,竖向荷载可以更加有效地限制重力盘的旋转抬升现象。PSVW3 模式中重力盘提供的转动约束相对弱于 PRVW3 模式。PRVW3 模式中桩−盘接触界面处桩身弯矩首先发生了明显的下降。之后,桩身弯矩的变化趋势在桩身截面高于泥面 0.26m(约为重

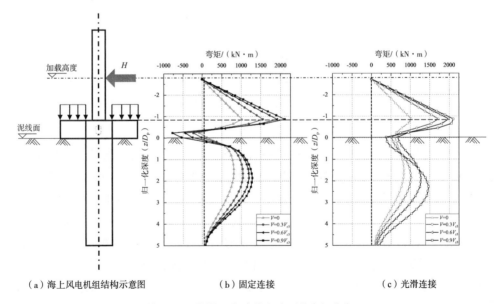

（a）海上风电机组结构示意图　　　（b）固定连接　　　（c）光滑连接

图 8.21　不同桩−盘连接方式下的弯矩分布

力盘厚度的 1/4）处会发生反转，说明重力盘对桩身的转动约束作用提前消失。桩 - 盘固定连接时两者间传力机制更加复杂，导致 PRVW3 模式中重力盘与单桩之间的有效传力面积减小为两者实际接触面积的 75%。所述现象降低了重力盘对桩身的转动约束程度，将对桩 - 盘间荷载传递产生不利影响。

2. 竖向荷载施加到单桩部件和重力盘部件的区别

PSVW1 和 PSVP1 两种模式中复合式桩 - 盘基础单桩部件的水平荷载 - 位移曲线如图 8.22 所示。由于桩周土体产生致密化效应，竖向荷载使得 PSVW1 模式中重力盘的承载力显著提高，进而增强了桩身旋转刚度，改善了桩 - 土相互作用。同时，附加应力和桩端阻力的增加导致单桩部件的初始承载刚度有所降低。并且，PSVP1 模式中竖向荷载对单桩部件水平承载力的提高效果并不明显。PSVP1 模式中基础受到的竖向荷载可以看作桩身自重的提升，其增强了单桩部件的抗变形能力和土体利用深度。然而，当竖向荷载由 $0.6V_{r1}$ 上升到 $0.9V_{r1}$ 之后，单桩部件水平承载力反而有所降低。在基础承载变形过程中，单桩部件产生旋转变形，桩端会受到与荷载方向一致的土体反力，从而降低单桩部件的水平承载能力。同时，竖向荷载会提升桩端阻力，进一步加剧了单桩部件承载力的降低。上述现象表明，桩端阻力会对复合式桩 - 盘基础中单桩部件的水平承载产生不利影响，且这种不利影响随着桩身旋转角度的增大而愈加明显。

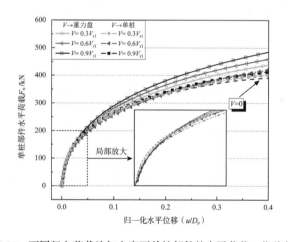

图 8.22　不同竖向荷载施加方案下单桩部件的水平荷载 - 位移曲线

如图 8.23 所示，在 PSVW1 和 PSVP1 两种模式中，竖向荷载均加强了复合式桩 - 盘基础中的桩身土压力分布。竖向荷载对桩身土压力的增强效应在 PSVW1 模式中更加明显，且主要发生在浅层土体，最大桩身土压力的深度逐渐减小。然而，由于竖向荷载相对较小，其对桩周土体的致密化作用相对有限。因此，PSVW1 模式中竖向荷载对桩周土体的致密化作用主要集中在浅层土体，而土体利用深度并无明显变化。在 PSVP1 模式中，盘下土体并不受竖向荷载影响，因此桩周土体的强度和作用深度并无明显变化。然而，在竖向荷载作用下将引起桩端土体沉降和桩身侧摩擦阻力，从而增大了深层土体的桩 - 土相互作用。因此，由于竖向荷载产生的附加压力和对桩 - 土相互作用的增强作用，PSVP1 模式中深层土体产生的桩身土压力有所提升。

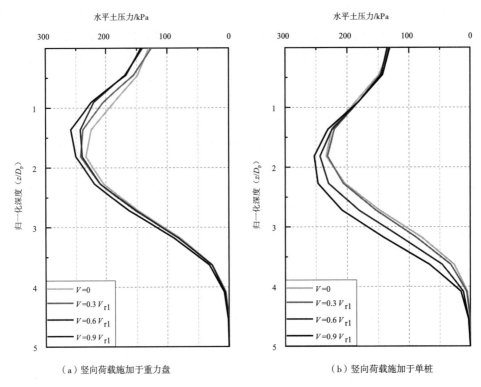

图 8.23 不同竖向荷载施加方案下的桩身土压力分布

图 8.24 为 PSVP1 和 PSVW1 两种模式的弯矩分布。在 PSVW1 模式中，随着竖向荷载的增加，桩头弯矩随之提升，且提升效果与复合式桩 – 盘基础的极限水平承载力呈明显线性关系。泥面处弯矩随竖向荷载增加逐渐减小，说明竖向荷载有效增强了重力盘对桩身的转动约束作用。随着竖向荷载的增大，PSVW1 模式中泥面以下弯矩的变化速率更加明显，但在 $1D_p$ 埋深以下，不同竖向荷载之间的差异逐渐消失，且桩身土压力最大值均位于 $1.5D_p$ 埋深附近。PSVW1 模式中竖向荷载有效降低了传递到桩身的水平荷载，同时改善了浅层土体的强度。此时桩身弯矩的增长速率由极限水平荷载的大小决定。随着竖向荷载的增加，极限水平承载能力有所提升，但竖向荷载对桩周土体强度的增强作用抑制了桩身弯矩的进一步发展。PSVP1 模式中重力盘与下覆土体间相互作用不受竖向荷载的影响，所以重力盘对桩身的转动约束作用并没有明显提升。随着竖向荷载的增加，PSVP1 模式中桩端土体产生不可忽略的沉降，导致重力盘与单桩之间的有效约束面积逐渐减小，从而对重力盘与单桩之间的荷载传递产生不利影响。当竖向荷载达到 $0.9V_{r1}$ 时，重力盘对桩身的转动约束作用在距桩顶 3/4 盘厚处提前失效，表明该情况中单桩与重力盘之间的有效约束面积折减为实际接触面积的 75%。因为重力盘的竖向承载力明显大于单桩，因此上述现象在 PSVW1 模式中并没有出现。泥线以下弯矩的变化与图 8.22 所示的桩身土压力分布相互印证。随着竖向荷载的增加，PSVP1 模式中弯矩有所提高，但在 $2D_p$ 埋深以上，弯矩的变化趋势几乎相同。不同竖向荷载作用下弯矩的差异主要集中在泥面处。如前所述，泥面以下弯矩的变化趋势由传递给单桩的水平荷载和桩身受到的土压力共同决定，且这两个影响因素在 PSVP1 模式中几乎不受竖向荷载变化的影响。当埋深超过 $2D_p$ 后，随着竖向荷载的增加，

弯矩的下降速率加快，不同竖向荷载下的弯矩大小逐渐趋于一致。产生上述现象的原因可归结为竖向荷载对深层桩－土相互作用的增强效果。总体而言，与 PSVP1 模式相比，PSVW1 模式中重力盘对桩身的转动约束作用更加明显，更有利于复合式桩－盘基础水平承载力的提升。

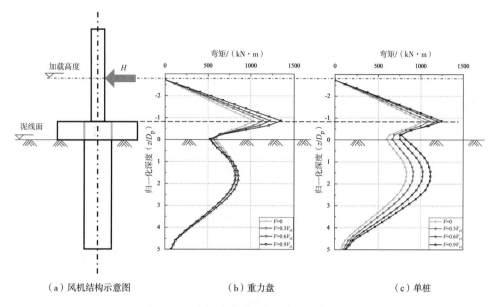

图 8.24　不同竖向荷载施加方案下的弯矩分布

8.4.4.2　复合式桩－盘基础中重力盘部件承载失效机制

复合式桩－盘基础中重力盘部件对整体水平承载能力的贡献可以通过桩－盘界面上节点水平作用力的总和进行评估。在复合式桩－盘基础中，重力盘可以为桩身提供额外的恢复弯矩。恢复弯矩反映了单桩与重力盘之间的荷载传递机制。同时，盘下土体产生的竖向土压力作为盘－土相互作用的关键指标，对重力盘的水平承载特性具有主导作用。基于以上内容，本节将进一步研究复合式桩－盘基础中重力盘部件的承载失效机理。

为了进一步研究 PSVW3 和 PRVP3 两种模式的承载差异，图 8.25 给出了复合式桩－盘基础中重力盘部件的水平荷载－位移曲线。复合式桩－盘基础中重力盘的破坏模式呈现明显的应变软化特性，表明盘下土体在盘－土相互作用下逐渐被压碎。随着竖向荷载的增加，盘下土体强度逐渐达到最大承压状态，导致竖向荷载对复合式桩－盘基础中重力盘水平承载能力的提升效果逐渐减弱。如本书 8.2.2 小节所述，在单桩和重力盘光滑连接且竖向荷载为零的情况下，复合式桩－盘基础中会发生阻替效应，从而消除了单桩和重力盘光滑连接与固定连接间的水平承载差异。PRVW3 模式中重力盘的水平承载能力逐渐高于 PSVW3 模式，并且随着竖向荷载的增加，两者之间的水平承载差距愈加明显。结果表明，随着竖向荷载的增加，阻替效应逐渐消失。PSVW3 模式中单桩与重力盘逐渐脱离，会对两者间的荷载传递产生不利影响。复合式桩－盘基础中重力盘对基础整体水平承载性能的作用主要反映在对桩－土相互作用的改善效果，且该改善效果在 PSVW3 模式中更加明显。因此，在竖向荷载作用下，PSVW3 模式中复合式桩－盘基础的整体水平承载能力优于 PRVW3 模式。随着竖向荷载的增加，复合式桩－盘基础中重力盘的水平承载能力和破坏位移均有所增加，且屈服破坏后的应变软化特性逐渐减弱。竖向荷载会对重力盘下覆土层产生明显的压实作用，显著提升盘－土相互作用。更重要的是，竖向荷载限制了重力盘的旋转抬升现象，增加了盘－土有效接触面积，从而进一步提升了盘－土相互作用。随着竖向荷载从 $0.6V_{r3}$ 增加到 $0.9V_{r3}$，复合式桩－盘基础中重力盘的应变软化特性在 PSVW3 模式中明显减弱。如图 8.18（c）所示，重力盘与下覆土层始终处于完全接触状态，表明该情况下重力盘能够最大程度上利用盘下土体的强度，极大地避免了盘下土体局部破坏所产生的不利影响。因此，尽管 PSVW3 模式中单桩部件的水平承载力因附加主动土压力的产生而有所降低，但与 PRVW3 模式相比，PSVW3 模式中复合式桩－盘基础的整体水平承载力优势仍得以维持。

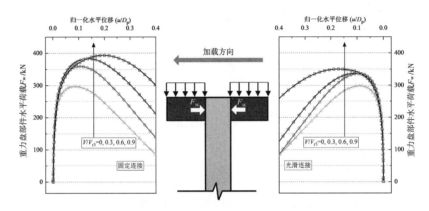

图 8.25 不同桩－盘连接方式下重力盘部件的水平荷载－位移曲线

PSVP1 和 PSVW1 两种模式中重力盘部件的水平荷载－位移曲线如图 8.26 所示。虽然此时竖向荷载相对较小，但重力盘部件的水平承载能力仍有所提高。PSVW1 模式中竖向荷载对重力盘部件水平承载能力的提升效果优于 PSVP1 模式。PSVP1 中竖向荷载可能会导致单桩部件产生较大的沉降，大大降低了单桩和重力盘间的荷载传递能力。因此，施加到重力盘部件的竖向荷载更有利于增强桩－盘－土相互作用，从而有效提高复合式桩－盘基础整体水平承载力。

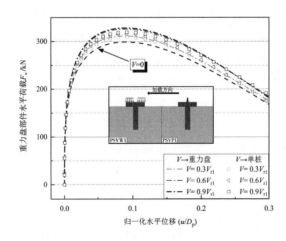

图 8.26 不同竖向荷载施加方案下重力盘部件的水平荷载－位移曲线

综上可知，复合式桩－盘基础中重力盘部件的水平承载特性由桩－盘相互作用主导。重力盘部件的极限水平承载能力是评价桩–盘荷载传递能力的重要指标。如图 8.27 和图 8.28 所示，竖向荷载对重力盘部件极限水平承载能力的提升作用逐渐减小，最后趋于消失。重力盘部件在 PRVW 和 PRVP 模式下的水平承载能力最高，其次是 PSVW 模式，PSVP 模式最低。PRVW 和 PRVP 模式下的单桩与重力盘固定连接，从而有效保证了单桩与重力盘两者之间的荷载传递效率。研究结果表明，单桩与重力盘光滑连接时两者之间会产生相对滑动，降低了两者间的有效接触面积，从而对桩–盘相互作用产生不利影响。

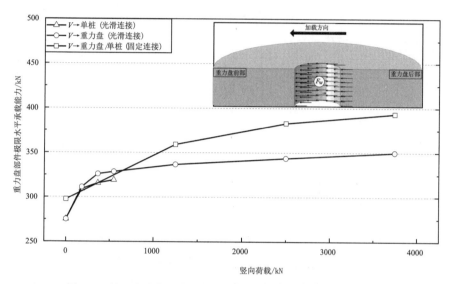

图 8.27　桩–盘连接方式对重力盘部件的极限水平承载能力的影响

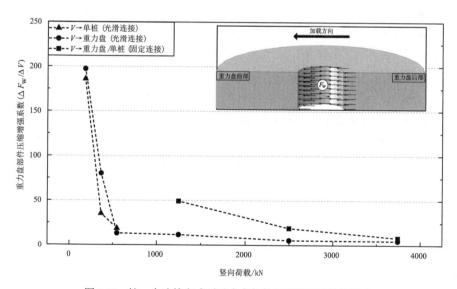

图 8.28　桩–盘连接方式对重力盘部件压缩增强系数的影响

在水平偏心荷载作用下，弯矩分布对基础水平承载特性影响突出。重力盘为桩身提供的恢复弯矩可以有效限制桩周土体的破坏。研究中通过外部荷载和加载高度的乘积值与泥面处桩身弯矩输出值间的差值来量化重力盘对桩身的转动约束作用。如图 8.29 所示，竖向荷载的增加提升了恢复弯矩。随着盘下土体逐渐达到最大承压状态，竖向荷载对恢复弯矩的提升效果逐渐减弱。在 PSVW3 模式中，当竖向荷载从 $0.6\ V_{r3}$ 增加到 $0.9\ V_{r3}$ 时，恢复弯矩显著上升，造成这一结果的原因可归结为重力盘与下覆土层间的完全接触状态。虽然 PSVW3 模式中重力盘部件提供的恢复弯矩小于PRVW3模式，但PSVW3模式中复合式桩–盘基础呈现更高的水平承载能力。综上所述，在 PSVW3 模式中，竖向荷载对整体水平承载性能的提升效果主要体现在对桩周土体强度和桩–土相互作用的提升方面。

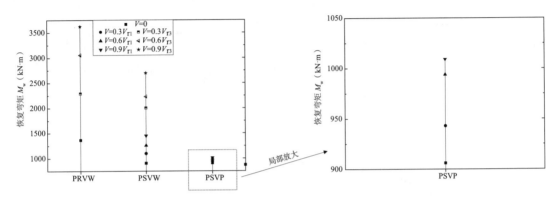

图 8.29 桩–盘连接方式和竖向荷载施加方案对复合式桩-盘基础中恢复弯矩的影响

本节通过盘下土体的竖向土压力分布进一步研究盘–土相互作用。如图 8.30（a）所示，竖向荷载对盘下土体产生的竖向土压力具有明显的增强效果，尤其是重力盘最内侧土体。当所施加的竖向荷载为零时，盘下土体竖向土压力最大值位于盘前的中部。随着竖向荷载的增加，重力盘最内侧的竖向土压力逐渐增大至最大值，且距离桩身越远，盘下土体竖向土压力越小。上述结果表明，在竖向荷载作用下，盘下土体竖向土压力应力重分布程度进一步加强。重力盘外边缘土体因产生较大变形而破坏，导致重力盘边缘土体提供的竖向土压力进一步下降。值得注意的是，PSVW3 模式中盘下土体竖向土压力明显高于 PRVW3 模式。在复合式桩–盘基础受力过程中，PRVW3 模式中竖向荷载和重力盘自重荷载分别施加在盘下土体和桩端土体中。然而，PSVW3 模式中重力盘和单桩间可以独自进行竖向承载，意味着几乎所有的竖向荷载和重力盘自重荷载均由盘下土体承担。因此，竖向荷载对桩周土体的强化作用在 PSVW3 模式中更为明显，更有利于改善桩–盘–土相互作用。PSVW1 和 PSVP1 两种模式中盘下土体竖向土压力如图 8.30（b）所示。竖向荷载显著提高了盘下土体竖向土压力，尤其是对于 PSVW1 模式。竖向荷载对盘前最内侧土体竖向土压力的提升效果最为显著，但在距离盘前最内侧 0 ~ 0.25m 处土体竖向土压力呈现下降趋势。产生上述现象的原因，可归结为应力集中引起的土体局部破坏以及应力重分布现象。综上所述，施加在重力盘上的竖向荷载更有利于复合式桩–盘基础整体水平承载性能的提升。

8.5 最优安装方案及应用前景

研究证明了重力盘下覆土层产生的竖向土体应力更有利于复合式桩–盘基础整体水平承载

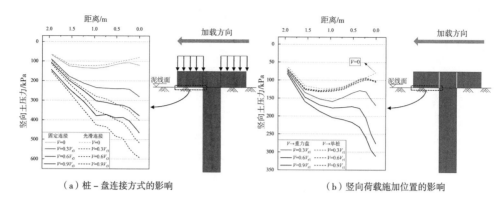

图 8.30　桩－盘连接方式和竖向荷载施加方案对盘下竖向土压力的影响

性能的提升。因此，本章提出一种海上风电机组复合式桩－盘基础最优安装方法，包括单桩与重力盘之间的连接方式以及上部结构的连接位置。对于桩－盘连接方式来说，本章建议在离心机试验中使用专门设计的光滑装置使两者光滑连接。对于实际工程应用来说，则建议在桩－盘连接位置预留一个微小的间隙，从而确保单桩和重力盘之间可以产生独立的竖向位移。相关学者认为，可以先将重力盘安装在海床上用来作为引导打桩的定位板[3, 13]。然而，在桩体安装过程中，土体的应力状态将会受到很大干扰[14, 15]。无论是静压桩和冲击桩，都会引起桩周土体应力和空隙率的变化。如果在打桩前便将重力盘安装在海床上，那么重力盘和下覆土层间的初始接触状态就会不可避免地受到干扰，复合式桩－盘基础的水平承载能力也会因此而大打折扣[16, 17]。

因此，本章建议首先进行桩体安装操作，然后再进行重力盘基础的安装。同时，建议将上部结构直接放置于重力盘上。研究证明，上述安装方法更有利于提高复合式桩－盘基础的整体水平承载性能。研究建议在水下作业前将复合式桩－盘基础和塔柱之间的过渡段与重力盘进行一体化建造，之后用附加接头将一体化结构组装到桩头。这种方法大大降低了施工成本和施工难度，特别是在水深较深的工况中[18]。图 8.31 为推荐的复合式桩－盘基础最优安装方式的示意图。上述研究为复合式桩－盘基础在海上风电行业的安装应用提供了设计参考。

8.6　小结

本章研究了桩－盘－土相互作用机理和复合式桩－盘基础的承载失效特性。研究中考虑了桩－盘连接方式和竖向加载方案对基础水平承载能力的影响机理。在此基础上，提出了 4 种类型的复合式桩－盘基础模式来对其安装方式进行优化研究，进而得到最优化基础安装方案。主要结论如下：

（1）复合式桩－盘基础前期主要依靠重力盘部件承载。随着变形的开展，桩－土相互作用愈加明显，而盘下土体逐渐被压坏，造成单桩部件的承载占比逐渐超过重力盘部件。

（2）在桩－盘固定连接方式中，竖向荷载加载位置对基础整体水平承载性能的影响可以忽略不记。与 PSVP 模式相比，复合式桩－盘基础在 PSVW 模式中具有更高的水平承载能力。

施加到重力盘上的竖向荷载更有利于整体水平承载性能的发挥。

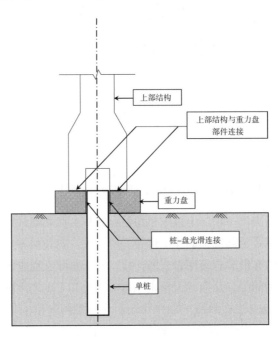

图 8.31　复合式桩 - 盘基础最优安装方式（推荐）

（3）在桩 – 盘光滑连接方式中，当未对复合式桩 – 盘基础施加额外的竖向荷载时，会出现阻替现象，消除了不同桩 – 盘连接方式间基础水平承载性能的差异。随着所施加竖向荷载的增加，重力盘和单桩之间产生相对滑动，阻替现象随之消失。

（4）研究证明，PSVW 模式是最有利于复合式桩 – 盘基础水平承载性能的安装方法，这是由于此时桩周土体强度得到了最大化提升，显著改善了桩 – 土相互作用。因此本章将 PSVW 模式推荐为海上风电机组复合式桩 – 盘基础最优安装方式。

参考文献

［1］ Arshi H S，Stone K J L. Improving the lateral resistance of offshore pile foundations for deep water application[C]. Proc.，3rd Int. Symp. on Frontiers in Offshore Geotechnics. London，UK: CRC Press. 2015.

［2］ Yang X，Zeng X，Wang X，et al. Performance and bearing behavior of monopile-friction wheel foundations under lateral-moment loading for offshore wind turbines[J]. Ocean Engineering，2019，184：159-172.

［3］ Anastasopoulos I，Theofilou M. Hybrid foundation for offshore wind turbines: Environmental and seismic loading[J]. Soil Dynamics and Earthquake Engineering，2016，80：192-209.

［4］ Wang Z. Bearing Behavior of a Hybrid Monopile Foundation for Offshore Wind Turbines[J]. International Journal of Geotechnical and Geological Engineering，2021，15（3）：105-109.

［5］ Lu W, Zhang G. New py curve model considering vertical loading for piles of offshore wind turbine in sand[J]. Ocean Engineering, 2020, 203: 107228.

［6］ Gioda G, Jurina L. Numerical identification of soil-structure interaction pressures[J]. International Journal for Numerical and Analytical Methods in Geomechanics, 1981, 5（1）: 33-56.

［7］ Stone K J L, Arshi H S, Zdravkovic L. Use of a bearing plate to enhance the lateral capacity of monopiles in sand[J]. Journal of Geotechnical and Geoenvironmental Engineering, 2018, 144（8）: 04018051.

［8］ Arshi H. Physical and numerical modelling of hybrid monopiled-footing foundation systems[D]. University of Brighton, 2016.

［9］ Brown D A, Morrison C, Reese L C. Lateral load behavior of pile group in sand[J]. Journal of Geotechnical Engineering, 1988, 114（11）: 1261-1276.

［10］ Ashour M, Pilling P, Norris G. Lateral behavior of pile groups in layered soils[J]. Journal of Geotechnical and Geoenvironmental Engineering, 2004, 130（6）: 580-592.

［11］ Arshi H S, Stone K J L, Vaziri M. Decoupled hybrid monopile-footing foundation system[C]. Proc., 10th Annual British Geotechnical Association Conf. 2012..

［12］ Lehane B M, Pedram B, Doherty J A, et al. Improved performance of monopiles when combined with footings for tower foundations in sand[J]. Journal of Geotechnical and Geoenvironmental Engineering, 2014, 140（7）: 04014027.

［13］ Li X, Zeng X, Yu X, et al. Seismic response of a novel hybrid foundation for offshore wind turbine by geotechnical centrifuge modeling[J]. Renewable Energy, 2021, 172: 1404-1416.

［14］ Fan S, Bienen B, Randolph M F. Effects of monopile installation on subsequent lateral response in sand. II: Lateral loading[J]. Journal of Geotechnical and Geoenvironmental Engineering, 2021, 147（5）: 04021022.

［15］ Fan S, Bienen B, Randolph M F. Effects of monopile installation on subsequent lateral response in sand. I: Pile installation[J]. Journal of Geotechnical and Geoenvironmental Engineering, 2021, 147（5）: 04021021.

［16］ Arshi H S, Stone K J L. Lateral resistance of hybrid monopile-footing foundations in cohesionless soils for offshore wind turbines[C]. Offshore Site Investigation and Geotechnics: Integrated Technologies-Present and Future. OnePetro, 2012.

［17］ Arshi H S, Stone K J L. Increasing the lateral resistance of offshore monopile foundations: hybrid monopile-footing foundation system[C]. Proc. of the 3rd International Conference on Engineering project and production management, Brighton. 2012: 217-226.

［18］ Jiang Z. Installation of offshore wind turbines: A technical review[J]. Renewable and Sustainable Energy Reviews, 2021, 139: 110576.

第9章 海上风机复合式桩－盘基础尺寸优化

9.1 引言

　　离心机试验结果表明，埋深和盘径对复合式桩－盘基础的承载响应影响显著[1]，其他研究团队也发现了类似的结果[2-5]。并且，埋深是影响单桩基础破坏机制的关键因素[6]，而盘径对复合式桩－盘基础水平承载特性具有主导作用[7]。然而，目前针对埋深和盘径对复合式桩－盘基础水平承载特性的影响不够明确，尤其是从土结相互作用的层面。因此，本章计划研究盘径和埋深对复合式桩－盘基础中土结相互作用机理的影响特性，其中参数均通过桩径进行了归一化处理；在复合式桩－盘基础受力变形过程中，基础承载主导权将由重力盘转变为单桩，埋深和盘径对这种转变具有一定影响；同时重点研究埋深和盘径对基础承载破坏特性的影响机理。本章将为提升复合式桩－盘基础水平承载效率提供设计参考，从而促进了其在海上风电产业的实际应用。

9.2 水平荷载－位移曲线

　　图 9.1 和图 9.2 给出了不同埋深（L_e）和盘径（D_w）情况中复合式桩－盘基础的水平荷载－位移曲线，参数研究中盘径和埋深的取值见表 9.1。根据相关研究，单桩影响区域土体位于桩身周围（3 ~ 4）D_p 范围内[8-10]。因此，盘径与桩径的比值取值范围取为 2.0 ~ 4.5，从而准确评估重力盘对桩－土相互作用的影响。为提高复合式桩－盘基础的水平承载效率，研究中多采用刚性桩。因此，复合式桩－盘基础中单桩的埋深与桩径比取值范围为 3 ~ 5[11]。埋深和盘径的增加均提高了复合式桩－盘基础的初始侧向刚度和水平承载力。不同的是，随着单桩埋深的增加，复合式桩－盘基础的破坏模式由应变软化转变为应变硬化，而盘径并不会导致基础破坏模式的转变。

表9.1 参数研究中变量及其取值

建造参数	变量取值
归一化盘径（D_w/D_p）	2.0，2.5，3.0，3.5，4.0，4.5
归一化埋深（L_e/D_p）	3，4，5

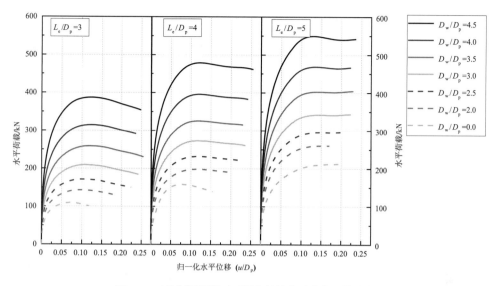

图 9.1　三种埋深情况下不同盘径的水平荷载 – 位移曲线

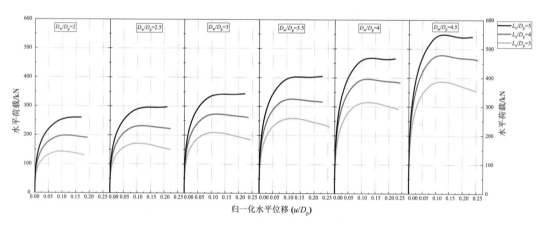

图 9.2　六种盘径情况下不同埋深的水平荷载 – 位移曲线

9.3　极限水平承载特性

　　图 9.3 总结了不同埋深和盘径情况下复合式桩 – 盘基础的极限水平承载力。随着盘径的增大，复合式桩 – 盘基础极限水平承载力的上升趋势愈加显著，而其随埋深增加的提升效果呈现恒定或逐渐减弱趋势。盘径对复合式桩 – 盘基础的水平承载响应具有多方面的增强作用。随着盘径的增大，重力盘对盘下土体的影响范围扩大，提升了盘 – 土相互作用的强度，从而可以产生更多的转动约束来抵抗整体变形。并且，盘径的增加使桩周土体进一步密实，限制了桩周土体楔形破坏区的形成，从而提高了桩 – 土相互作用和整体水平承载力。埋深的增加延伸了土体利用深度，同样改善了桩 – 土相互作用。然而，重力盘对土体强度的提升作用随埋深的增加逐渐减弱，因此埋深对极限水平承载能力的提升效果呈下降趋势。根据上述结果可以得出，增加盘径对复合式桩 – 盘基础水平承载特性的提升效果比增加埋深更加有效。在工程实践中，应充

分平衡基础承载要求和经济性之间的关系，从而对盘径进行合理取值。

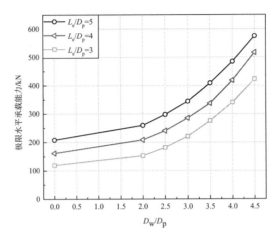

图 9.3 不同埋深和盘径组合情况下的复合式桩–盘基础极限水平承载能力

9.4 荷载传递机制影响特性

复合式桩–盘基础通过单桩与重力盘的协同承载能力共同抵抗外部荷载。图 9.4 为复合式桩–盘基础中单桩和重力盘的水平荷载–位移曲线，其反映了复合式桩–盘基础中各部件的承载特性和荷载传递机制。重力盘部件的破坏模式呈现明显的应变软化特征，而单桩部件的破坏则以应变硬化特征为主。随着重力盘直径的增大，重力盘部件的水平承载能力大幅提高。然而，由于盘下土体可能产生破坏现象，导致重力盘部件的承载稳定性逐渐变差。不同的是，单桩部件的初始承载刚度与盘径无关。盘径的增加使得重力盘部件可以进一步提升桩–土相互作用，从而增强了单桩部件的极限水平承载力和承载稳定性。当埋深增大时，重力盘部件的水平承载力有轻微的提升。单桩的埋置深度是影响土体利用深度的关键因素，随着埋深的增加，单桩部件的水平承载力和桩周土体的应变硬化程度均得到显著提升。

复合式桩–盘基础中各构件间荷载传递机制可以通过复合体系中单桩和重力盘的荷载分担比进行可视化研究，如图 9.5 所示。本节考虑了不同盘径和埋深的情况，对比分析复合式桩–盘基础中单桩和重力盘荷载分担比的变化规律。重力盘部件的荷载分担比在承载初期占据绝对优势，其主导了基础整体初始承载刚度。单桩部件的荷载分担比随着桩–土相互作用的发展而逐渐上升。然而，由于盘下土体被压坏，重力盘部件的荷载分担比呈现大幅降低趋势。随着基础变形的发展，单桩部件的荷载分担比逐渐超过重力盘部件，因此单桩部件决定了基础极限水平承载力。随着盘径的增大，重力盘部件的承载贡献进一步显现。单桩部件的荷载分担比存在一个快速增长期，对应重力盘部件荷载分担比的快速下降期。随着外部荷载的增加，复合式桩–盘基础中各构件的荷载分担比逐渐达到一个相对稳定的值。重力盘部件荷载分担比的稳态值随着盘径的增大而增大。相应地，单桩与重力盘之间荷载分担比的相交点逐渐后移。单桩和重力盘荷载分担比的变化趋势变得相对平缓。盘径对荷载分担比的影响随着埋深的增加而减弱，而基础构件间荷载分担比的变化比例相对恒定。因此，盘径对复合式桩–盘基础破坏模式的影响十分微弱。

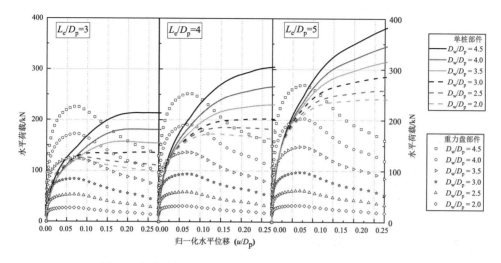

图 9.4 复合式桩 - 盘基础下单桩和重力盘的水平荷载 – 位移曲线

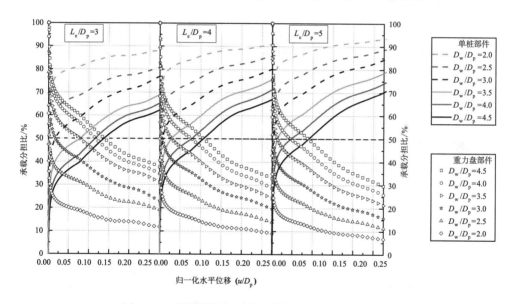

图 9.5 三种埋深情况下盘径对单桩和重力盘承载比的影响

单桩与重力盘间荷载分担比的平分点随着埋深的增加逐渐后移。图 9.6 重点研究了埋深对荷载分担比的影响。随着埋深的增加，土体利用深度随之增加，单桩的荷载分担比进一步提高。复合式桩 – 盘基础的水平承载响应逐渐由桩体主导。因此，复合式桩 – 盘基础的承载稳定性随埋深的增加而加强，基础整体破坏模式也由应变软化型转变为应变硬化型。然而，埋深对桩身承载能力的提升程度却在不断下降。复合式桩 – 盘基础中重力盘部件对桩 – 土相互作用的增强效果集中分布在浅层土体中。重力盘引起的土体致密化效应随着深度增加趋于消失。因此，采用短刚性桩更有利于发挥复合式桩 – 盘基础的水平承载优势。

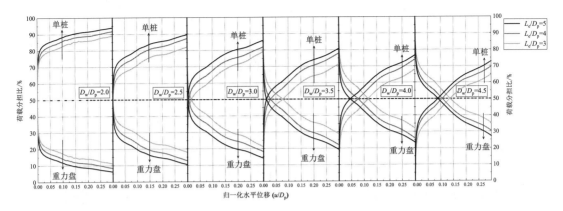

图 9.6 六种盘径情况下埋深对单桩和重力盘承载比的影响

9.5 承载破坏机理影响特性

9.5.1 桩身挠度特性

桩－土相互作用随桩身挠度的发展逐步提升。因此，桩身挠度作为造成重力盘旋转的主导因素，其对盘－土相互作用同样表现出关键性的影响。图 9.7 展示了三种埋深情况中不同盘径下的桩身挠度分布。研究发现，桩身挠度随盘径的增大而增大。在 $L_e/D_p = 5$ 和 $D_w/D_p = 4.5$ 情况中桩身挠度的减小可归因于刚度升高引起的基础过早破坏。盘径对桩身挠度的提升效果因桩周土体达到最大承载状态而逐渐减弱。随着桩身埋置深度的增加，土体可利用深度扩展，使得盘径对桩身挠度的影响变得更加显著。另外，图 9.8 展示了六种盘径情况中不同埋深下的桩身挠度。采用归一化深度来讨论桩的埋置深度对桩身挠度整体分布的影响。埋深增大时，桩身挠度也有所增加。如前所述，埋深提高了土体的利用深度，使得更深处的土体强度被调动起来，桩－土相互作用的响应范围愈加变深。同时，桩身旋转角度受盘径和埋深的影响而增大，导致重力盘的旋转现象更加明显。盘下土体将受到更显著的挤压作用，促进了桩－盘－土相互作用。

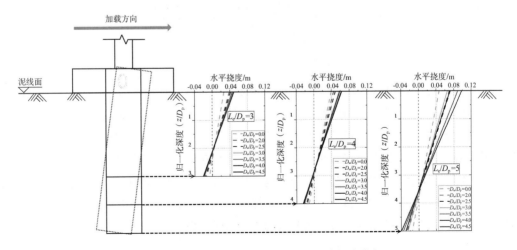

图 9.7 三种埋深情况下不同盘径下的桩身挠度分布

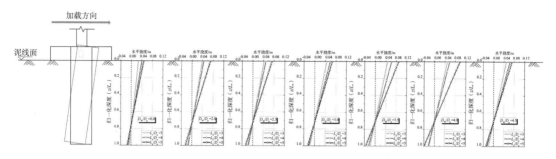

图 9.8　不同埋深下的单桩基础和六种盘径情况下的桩－盘复合式基础的桩身挠度

桩身挠度可通过桩身旋转中心（RC）深度和泥线处桩身挠度（d_m）两个特征指标进行评价。RC 和 d_m 的示意图如图 9.9 所示。本节考虑 F/F_{ult} 为 0.3、0.7 和 1.0 三个加载阶段。F 和 F_{ult} 分别为加载点处的水平荷载和基础极限水平承载力，如图 9.10 所示，研究中分别考虑加载阶段和埋深的影响，分析了盘径对 RC 深度的影响。总体而言，随着盘径的增大，RC 位置逐渐上移。重力盘加固了浅层土体强度，改善了桩－土相互作用。随着盘径的增大，在较大的土体变形下，浅层土体的承载稳定性得以维持。盘径对 RC 的影响效果随着盘下土体达到最大承载状态而有所减弱。盘径较大时，由于基础承载刚度大大提升造成其过早失效，RC 深度也将产生异常变化趋势。随着基础变形的发展，RC 向更深处扩展。桩－土相互作用将产生在更大范围内的土体响应区内，从而为抵抗外部水平荷载提供了更多的土体阻力。加载阶段对桩身挠度的作用几乎不受埋深的影响。不同的是，埋深对 RC 的影响较小，尤其是在盘径较大的情况中。另外，随着埋深的增加，极限状态下 RC 的深度变化不大，且盘径对 RC 的影响效果越来越大。结果表明，在极限承载状态下，复合式桩－盘基础中单桩部件的 RC 深度位于（0.7 ~ 0.75）L_e 范围内。

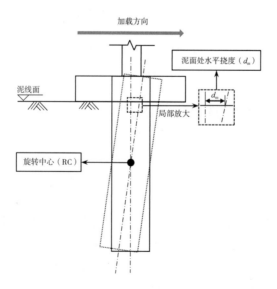

图 9.9　单桩旋转中心和泥面处桩身挠度示意图

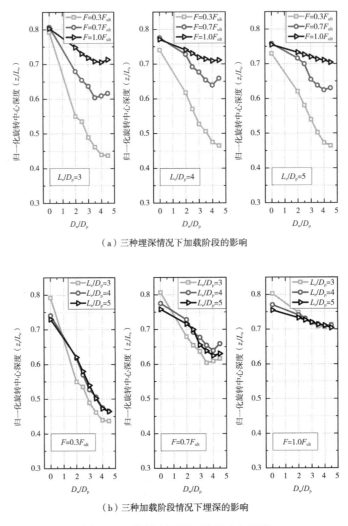

（a）三种埋深情况下加载阶段的影响

（b）三种加载阶段情况下埋深的影响

图 9.10　不同盘径情况下旋转中心深度

　　同时，研究中对泥面处桩身挠度（d_m）进行了类似的研究，如图 9.11 所示。如前所述，随着盘径的增大，基础初始刚度较大导致结构过早失效，使得 d_m 出现一些异常变化。总体而言，d_m 随着加载阶段和埋深的增大而发展。然而，在不同加载阶段和埋深情况中，盘径对 d_m 的影响是不统一的。在前两个加载阶段，盘径增大会导致 d_m 减小。复合式桩－盘基础的初始承载刚度随着盘径的增大而提高，说明此时在前期承载阶段基础结构产生了较小的变形。但在极限状态下，d_m 受到盘径增加带来的提升作用。当盘下土体达到最大承载状态时，土体的变形能力得到提升。土体强度增强范围随着盘径的增大而延伸，进一步限制了桩周土体的破坏变形。在前两个加载阶段，埋深对 d_m 的提升效果逐渐减弱。对于极限承载状态，d_m 随着盘径和埋深的增大而增大。土体强度和可利用范围进一步提高，促进了桩－土相互作用，导致 d_m 有所增加，从而提高了复合式桩－盘基础的极限水平承载力。

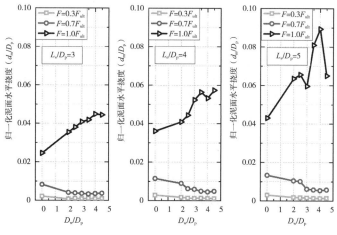

（a）三种埋深情况下加载阶段的影响

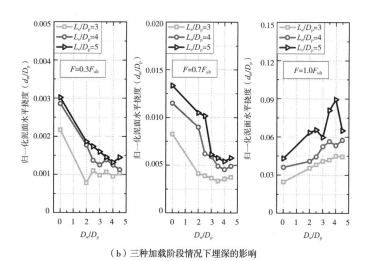

（b）三种加载阶段情况下埋深的影响

图 9.11 不同盘径情况下泥面处桩身挠度

9.5.2 土压力分布特性

复合式桩 – 盘基础极限状态下的水平承载响应由桩 – 土相互作用所决定。重力盘的存在提升了桩 – 土相互作用，有利于提高基础整体水平承载力。桩 – 土相互作用可以通过桩身土压力直观地反映，如图 9.12 所示，研究将复合式桩 – 盘基础与传统单桩基础（$D_w/D_p = 0.0$）的桩身土压力进行对比分析。总体来说，桩身土压力随着盘径的增大呈现明显的上升趋势。复合式桩 – 盘基础中浅层土体受到重力盘的强化作用，因此泥面处桩身土压力呈现显著增长趋势。随着盘径的增大，重力盘对盘下土体的强化效果变得更加显著。浅层土体桩 – 土相互作用得到改善，桩身土压力最大值的位置逐渐上移。这种趋势在埋深相对较浅的情况中更为显著。值得注意的是，在 $L_e/D_p = 5$ 和 $D_w/D_p = 4.5$ 的情况中，复合式桩 – 盘基础由于承载刚度的提升过早破坏，导致深层桩身土压力有所退化。

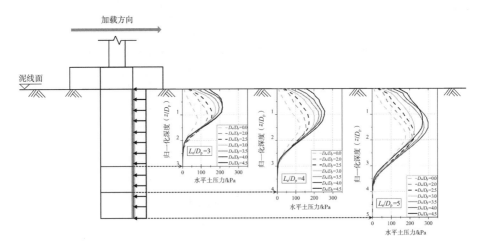

图 9.12　三种埋深情况下不同盘径下的桩身土压力

此外，由于重力盘对盘下土体的强化作用引起的附加桩身土压力的分布如图 9.13 所示。附加桩身土压力的提升幅度由盘径主导，而与埋深无关。盘径增大时，附加桩身土压力的提升效果逐渐减弱。重力盘对复合式桩 – 盘基础的水平承载贡献可以归结为三个方面，即对单桩的转动约束、在盘 – 土界面上产生的水平摩擦力和对桩周土体的强化作用。重力盘对桩 – 土相互作用的改善程度随盘径的增大而减弱，表明复合式桩 – 盘基础中的单桩部件对周围土体的影响范围有限。因此，重力盘对整体水平承载能力的贡献作用集中在前两个方面。十分有必要利用盘下土体竖向土压力进一步研究盘 – 土相互作用。

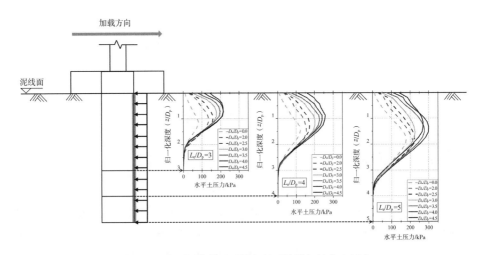

图 9.13　三种埋深情况下不同盘径下的附加桩身土压力

为综合考察盘径和埋深对桩身土压力的影响机理，图 9.14 给出了桩身土压力随归一化深度的分布情况。复合式桩 – 盘基础中单桩部件埋深的增加延伸了土体的利用深度，提升了桩 – 土相互作用，使得桩身土压力有所上升。然而，由于重力盘对桩周土体的致密化效应集中分布在浅层土体中。因此，桩身土压力的整体分布特性随着埋深的增加而略微下移。桩身最大土压力的深度位于（$0.3 \sim 0.4$）L_e 范围内，且该深度随着盘径的增大而减小。在实际工程中，如果将

0.4L_e 深度以上土体进行加固，则可以大大改善复合式桩 – 盘基础的水平承载特性。

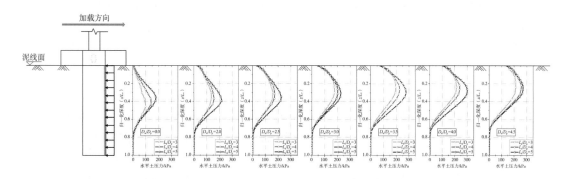

图 9.14 不同埋深下的单桩基础和六种盘径情况下的桩 – 盘复合式基础的桩身土压力

此外，研究中对不同加载阶段的桩身土压力进行了对比分析，如图 9.15 所示。桩身土压力的整体分布情况随着 F/F_{ult} 的增大而逐渐上移，表明桩周浅层土体的致密化作用逐渐加强。同时，

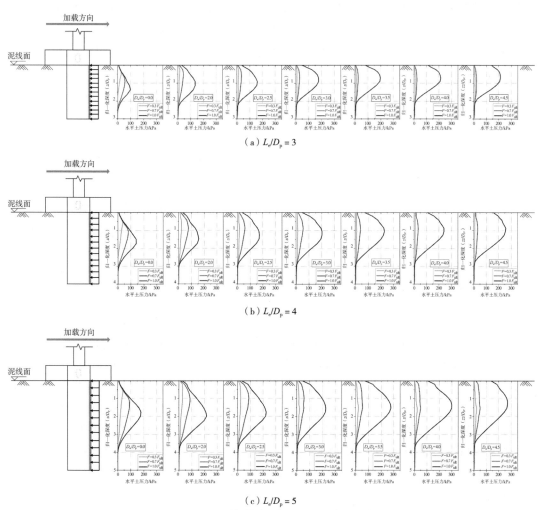

（a）$L_e/D_p = 3$

（b）$L_e/D_p = 4$

（c）$L_e/D_p = 5$

图 9.15 不同加载阶段情况下的桩身土压力

由于重力盘的挤压作用，泥面处桩身土压力得到显著提升。复合式桩–盘基础的水平承载特性在初始承载阶段由重力盘主导，而其极限承载状态则由单桩所决定。因此，在前两个加载阶段，桩身土压力相对较小，当 F/F_{ult} 达到 1.0 时，桩身土压力急剧增大。加载阶段对桩身土压力的影响效果随着盘径的增大愈加显著。埋深对泥面处桩身土压力的影响几乎可以忽略不计。然而，土体强度与土体利用深度呈正相关的关系，因此桩身最大土压力随着埋深的增加而增大。

盘下土体产生的竖向土压力可以直观地展现盘–土相互作用，因此接下来将重点讨论盘下土体竖向土压力的分布特性，如图 9.16 所示，采用归一化距离（d/d_w）来研究盘径和埋深对盘下土体竖向土压力分布的影响。由于应力重分布的影响，盘下竖向土压力呈抛物线形式分布。受到应力集中引发的土体大变形影响，盘下土体强度在最内侧和最外侧极度退化。重力盘下方和桩周附近的土体受到重力盘挤压和桩身隆起的双重压力作用。随着土体远离桩体，桩身隆起效应逐渐衰减，导致盘下土体竖向土压力呈非对称抛物线分布。盘下竖向土压力随着盘径的增大而增大，但盘径增大对盘下土体竖向土压力的提升效果逐渐减弱甚至消失，说明此时盘下土体达到最大承压状态甚至被压坏。盘径增大时盘下竖向土压力最大值的位置逐渐远离桩体。随着盘径的增大，桩–土相互作用区域扩展到更大的范围。因此，桩身隆起效应范围随之扩展。盘径增大对盘–土相互作用的增强效果并不受埋深变化的影响。然而，随着桩身埋置深度的增加，盘下土体竖向土压力最大值位置的变化更为明显。埋深对重力盘与土体间相互作用的影响可忽略不计，而桩身隆起效应作用范围则随着埋深增加进一步扩展。

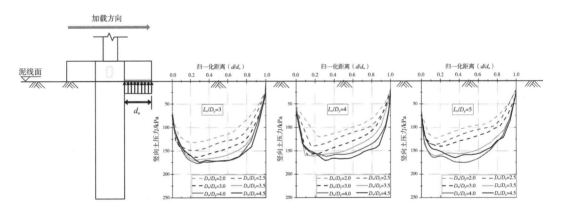

图 9.16 三种埋深情况下不同盘径下的盘下竖向土压力

此外，在六种盘径的情况中，图 9.17 重点考虑埋深对盘下土体竖向土压力的影响。值得注意的是，随着埋深的增加，重力盘对盘下土体的强化效果减弱，导致盘下土体竖向土压力略有减小。随着埋深的增加，土体可利用深度随之增加，导致桩身隆起效应向深层发展。因此，桩身隆起效应产生在泥面处的盘下土体竖向土压力有所减弱，埋深对盘下土体竖向土压力的弱化效应在远离桩身处逐渐消失。在 $D_w/D_p = 3.0$ 的情况中，增大埋深对盘下土体竖向土压力的降低效果最为显著，可能的原因是泥面处土体受到的桩身隆起效应主要集中在桩周 $3D_p$ 范围内。该现象表明，为了充分利用复合式桩–盘基础的水平承载能力，应谨慎考虑重力盘直径和单桩埋深的设计。

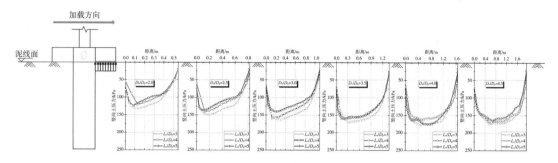

图 9.17 六种盘径情况下不同埋深下的盘下竖向土压力

重力盘对整体水平承载响应的贡献与盘-土相互作用密切相关。盘下竖向土压力如图 9.18 所示。d_w 为重力盘最内侧与最外侧之间的距离（单位为 m），可表示为

$$d_w = \frac{D_w - D_p}{2} \tag{9.1}$$

f_{sv} 为重力盘中心线处竖向土压力积分得到的线荷载（单位为 kN/m），表示为

$$f_{sv} = \int_{x_1}^{x_2} p_N(x)\mathrm{d}x \tag{9.2}$$

式中：$p_N(x)$ 为重力盘中心线下方土体产生的竖向土压力，kN/m^2；x_1 和 x_2 为重力盘的两个边界点。

d_f 为 f_{sv} 与桩身之间的距离（单位为 m）。f_{sv} 对盘-土界面的恢复弯矩和水平摩擦力有决定性的影响。而且，盘下土体的密实化效应同样由 f_{sv} 主导，f_{sv} 为影响桩-土相互作用的关键因素。

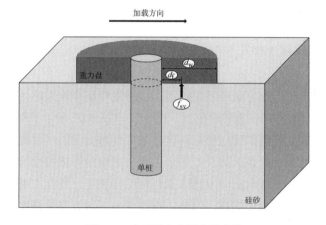

图 9.18 盘下竖向土压力示意图

图 9.19 总结了 f_{sv} 随着盘径和埋深增加的变化规律。f_{sv} 与盘径呈显著的线性正相关关系，而埋深对 f_{sv} 的影响较小。随着盘径的增大，盘下土体响应区域逐渐扩展，加强了土体的最大承载能力，进而提高了盘下土体竖向土压力。因此，盘径的增大使得盘下土体竖向土压力在范围和大小上均得到加强，从而提高了 f_{sv}。然而，f_{sv} 随桩身埋置深度的增加略有减弱。埋深增加提高了土体利用深度，导致桩身隆起引起的附加竖向土压力减小。同时，在一定桩身挠度下，埋深的增加会产生更大的结构转角。重力盘与土体间有效接触面积减小，从而对盘-土相互作

用产生不利影响。

d_f 代表恢复弯矩的力臂，即线荷载与桩身的距离。因此，盘下土体竖向土压力的分布可以通过 d_f 的变化来反映，如图 9.20 所示。d_f/d_w 始终小于 0.5，表明随着与桩距离的增加，盘 – 土相互作用逐渐退化。增大盘径会造成盘下土体竖向土压力向远离桩身一侧扩展，此范围内桩身隆起效应可以忽略。因此，随着盘径的增大，f_{sv} 逐渐向重力盘外侧移动。在盘径较小且埋深较大的情况中，重力盘对盘 – 土相互作用的增强作用被增大的基础旋转作用所掩盖，导致 d_f/d_w 有减小的趋势。由于多种因素的综合作用影响，埋深对 d_f/d_w 的影响具有高度不确定性。总体而言，d_f/d_w 在 0.41 ~ 0.48 范围内变化，该变化范围有限。因此，在以后的简化设计中，d_f/d_w 可以取合理恒定值。

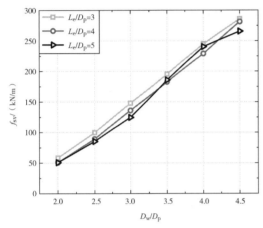

图 9.19　不同盘径和埋深组合情况下的盘下竖向线荷载

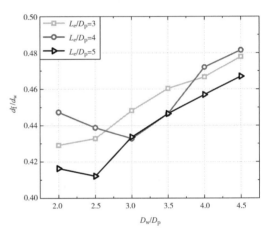

图 9.20　不同埋深和盘径组合情况下的 d_f/d_w

9.5.3　弯矩分布特性

复合式桩 – 盘基础中的重力盘通过在桩顶产生恢复弯矩来增强桩体刚度。通过桩身弯矩分布可以直观地观察桩 – 盘间荷载传递机制。图 9.21 和图 9.22 展示了不同盘径和埋深情况中的弯矩分布。加载点处有微弱的反向弯矩，这是塔头自重引起的。因此，加载点处的反向弯矩几乎与盘径和埋深无关。弯矩从加载点到重力盘上表面时保持线性增长，此时弯矩的变化趋势是由极限状态下基础水平承载能力和塔头自重综合决定。复合式桩 – 盘基础的极限水平承载力随着盘径和埋深的增加而提高。因此，在该部分，弯矩变化幅度随着盘径和埋深的增大而增大。之后，弯矩在桩 – 盘界面上大幅减小，且弯矩的下降主要由盘径主导，几乎不受埋深的影响。不同情况中，泥面处的弯矩差异随着盘径的增加而缩小，但在不同的埋深情况中保持不变。土体中最大弯矩的深度可以作为一个重要的评价指标，用来评价桩身弯矩的分布特征。土体中最大弯矩点的位置随盘径的增大而上移，这可归因于重力盘对浅层土体中桩 – 土相互作用的提升效应。与之相反，埋深的增加使得土体可利用深度增加，从而导致桩身最大弯矩点的深度增加。总体而言，桩身最大弯矩位置位于（1 ~ 1.75）D_p 深度处，占据桩身埋置深度 L_e 的比例为 0.27 ~ 0.34。

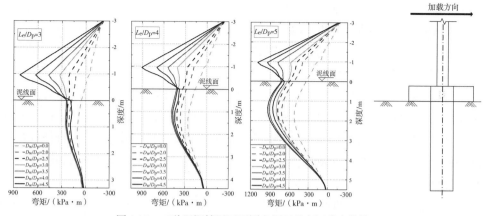

图 9.21 三种埋深情况下不同盘径下的弯矩分布特性

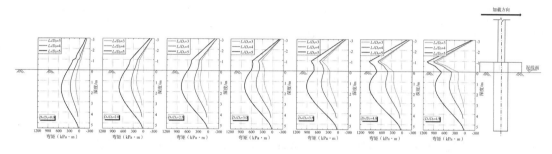

图 9.22 不同埋深下的单桩基础和六种盘径情况下的桩–盘复合式基础的弯矩分布特性

如前所述，重力盘对桩身的转动约束可以通过桩–盘界面产生的附加恢复弯矩 M_w 直观地评估。M_w 可以直接从弯矩的分布中提取出来，如图 9.23 所示，研究综合考虑盘径和埋深的影响，总结了 M_w 的变化规律。M_w 通过盘–土相互作用产生，而盘径增加将显著提升盘–土相互作用。因此，盘径对 M_w 有明显的提升作用，且随着盘径的增大，提升作用愈加显著。不同的是，盘–土相互作用几乎不受埋深变化的影响。埋深的增加使土体反应区向下移动。重力盘直径增大对盘下土体竖向土压力的强化作用逐渐弱化，不利于提升桩–盘相互作用。因此，盘径增加对 M_w 的改善效果因埋深的增

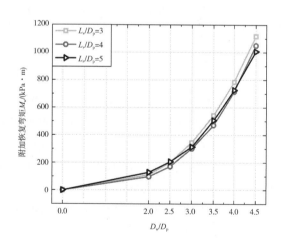

图 9.23 不同埋深和盘径组合情况下的恢复弯矩

加而弱化。整体而言，M_w 由重力盘直径决定，而埋深对 M_w 的影响可以忽略。

9.6 小结

本章研究了不同埋深和盘径下复合式桩–盘基础的破坏模式以及荷载传递机制。通过讨论

桩身挠度的变化规律，探究基础变形过程中的破坏机制；研究中考虑桩 – 土和盘 – 土间相互作用，对桩身和盘下土压力进行分析；通过弯矩的分布探究了复合式桩 – 盘基础中重力盘部件对单桩部件的承载强化作用以及各构件间的荷载传递机制。在此基础上，考虑了盘径和埋深对土结相互作用的影响机理。主要结论如下：

（1）由于盘 – 土相互作用和桩 – 土相互作用的提升，极限状态下复合式桩 – 盘基础的水平承载力随着盘径的增大而显著提高。然而，重力盘对桩周土体的强化效应主要存在于埋深较浅的区域，导致埋深对基础极限水平承载力的提升作用逐渐减弱。因此，增加盘径更有利于提高复合式桩 – 盘基础的极限水平承载力。在实际应用中，应充分平衡承载要求和经济性来合理地设计重力盘直径。

（2）复合式桩 – 盘基础的水平承载特性在前期承载阶段由重力盘部件决定，而在极限状态下单桩部件则表现出主导作用。这种承载主导权的转换受到埋深增加的提升作用，而盘径的增加限制了这种转变。随着埋深的增加，复合式桩 – 盘基础的破坏模式由应变软化型向应变硬化型转变。因此，增加埋深更有利于提高复合式桩 – 盘基础的承载稳定性。

（3）重力盘对桩 – 土相互作用的强化效果集中分布于浅层土体中。桩身土压力的强化作用由盘径决定，而埋深对桩身土压力的影响可以忽略。桩身最大土压力深度位于 $(0.3 \sim 0.4)L_e$ 范围内。盘下土体竖向土压力的分布特性揭示了类似的研究结果。随着盘径的增大，盘 – 土相互作用逐渐向重力盘外侧移动。

（4）桩身旋转中心位置随盘径的增大略有上移，而几乎与埋深无关。总体而言，对于极限承载状态，桩身旋转中心深度在 $(0.7 \sim 0.75)L_e$ 的有限范围内变化。重力盘对桩身的转动约束作用随盘径的增大而显著增强，而埋深对桩身弯矩的影响相对较小。

参考文献

［1］ El-Marassi M. Investigation of hybrid monopile-footing foundation systems subjected to combined loading[D]. The University of Western Ontario，Canada，2011.

［2］ Stone K J L，Arshi H S，Zdravkovic L. Use of a bearing plate to enhance the lateral capacity of monopiles in sand[J]. Journal of Geotechnical and Geoenvironmental Engineering，2018，144（8）：04018051.

［3］ Arshi H S，Stone K J L. Improving the lateral resistance of offshore pile foundations for deep water application[C]. Proc.，3rd Int. Symp. on Frontiers in Offshore Geotechnics. London，UK: CRC Press. 2015.

［4］ Lehane B M，Pedram B，Doherty J A，et al. Improved performance of monopiles when combined with footings for tower foundations in sand[J]. Journal of geotechnical and geoenvironmental engineering，2014，140（7）：04014027.

［5］ Wang Y，Zou X，Zhou M，et al. Failure mechanism and lateral bearing capacity of monopile-friction wheel hybrid foundations in soft-over-stiff soil deposit[J]. Marine Georesources & Geotechnology，2022，40（6）：712-730.

［6］ Hu Q，Han F，Prezzi M，et al. Lateral load response of large-diameter monopiles in sand[J]. Géotechnique，2022，72（12）：1035-1050.

［7］ Wang X，Li J. Parametric study of hybrid monopile foundation for offshore wind turbines in cohesionless soil[J]. Ocean Engineering，2020，218：108172.

［8］ Wen K，Wu X，Zhu B. Numerical investigation on the lateral loading behaviour of tetrapod piled jacket foundations in medium dense sand[J]. Applied Ocean Research，2020，100：102193.

［9］ Lu W，Zhang G. New py curve model considering vertical loading for piles of offshore wind turbine in sand[J]. Ocean Engineering，2020，203：107228.

［10］ Li L，Zheng M，Liu X，et al. Numerical analysis of the cyclic loading behavior of monopile and hybrid pile foundation[J]. Computers and Geotechnics，2022，144：104635.

［11］ Panagoulias S，Brinkgreve R B J，Minga E，et al. Application of the PISA framework to the design of offshore wind turbine monopile foundations[C]. WindEurope 2018 conference at the Global Wind Summit，Hamburg，Germany. 2018.

第10章 复合式桩－盘基础
动力液化特性研究

10.1 引言

地震过程中，单桩基础地基土体对液化非常敏感，而复合式桩－盘基础的创新设计提高了桩周土体的整体稳定性。试验过程中受限于传感器数量无法在更多位置监测地基土体的抗震性能，为了探究饱和砂土场地不同基础在地震作用下的动力响应规律，本章通过建立合理的数值模型进行计算，分析了不同峰值加速度地震波和渗透系数场地下不同深度、不同水平位置地基土的加速度和孔隙水压力以及地表沉降和风机塔头横向位移的动力响应。

数值模型中计算得出各节点的位移、孔隙水压力、加速度响应，在不同深度、不同水平位置布置监测点用于描述模拟结果，监测点的布置如图 10.1 所示。监测点 1～5 为自由场沿深度方向分布的监测点，监测点 6～10 为桩周沿深度方向分布的监测点，监测点 11～15 为近桩处沿深度方向分布的监测点，监测点 16 用来分析塔头横向位移的动力响应。沿深度方向地基土体监测点间隔 1.0m 均匀分布，这样做可以用合适数量的监测点记录土体孔隙水压力和加速度信息。

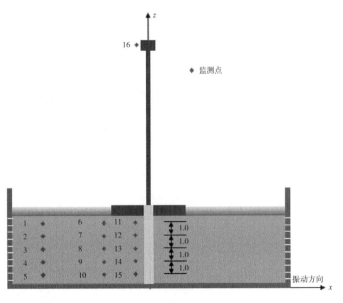

图 10.1 数值模型监测点布置图

考虑地震波峰值加速度和地基渗透系数对动力响应的影响程度，借鉴相关学者现有地基抗液化性能的评估方法，分析了饱和砂土地基的抗液化能力，并基于数值模拟结果考虑孔隙水压力的影响，创新性地提出了孔隙水压力修正系数对地基抗液化能力预估方法的准确度进行改进，用于预测受上覆荷载作用影响区域地基的抗液化潜力，为抗震工程规范和实际工程提供参考。

10.2　0.35g 峰值地震波、高渗透系数工况下基础响应模拟分析

抗震规范《风电场工程等级划分及设计安全标准》（NB/T 10101—2018）中要求对地震烈度大于Ⅷ度地区 15m 以内的土层进行砂土液化判断。本节选取 0.35g 峰值加速度地震波分析饱和砂土场地在强震作用下的动力响应，地基渗透系数为 1.0×10^{-4} cm/s，记录不同深度、不同水平位置土体的孔隙水压力和加速度，分析了复合式桩–盘基础周围土体超静孔压比沿不同深度、位置的变化趋势和自由场土体的动力响应规律，并绘制了饱和砂土场地孔压比分布云图观察砂土液化情况。

10.2.1　孔压比分布云图

15s 时地震动结束，孔隙水压力累积到最高值且数值较为稳定，饱和砂土地基液化深度最大。图 10.2 为 0.35g 峰值地震波、高渗透系数工况下单桩基础 M 超静孔压比分布云图，图 10.3 为 0.35g 峰值地震波、高渗透系数工况下复合式桩–盘基础 H-D3-2t 超静孔压比分布云图，图 10.4 为 0.35g 峰值地震波、高渗透系数工况下复合式桩–盘基础 H-D5-t 超静孔压比分布云图，图 10.5 为 0.35g 峰值地震波、高渗透系数工况下复合式桩–盘基础 H-D5-2t 超静孔压比分布云图，图 10.6 为 0.35g 峰值地震波、高渗透系数工况下复合式桩–盘基础 H-D7-2t 超静孔压比分布云图，借此说明此工况不同结构类型的基础作用下可液化场地的液化区域的分布情况。超静孔压比接近 1.0 时土体发生液化，需要说明的是由于地表土体节点超静孔隙水压力和垂直有效应力在整个过程中接近于 0，所以得到的超静孔压比云图地表位置不具有参考意义。

（a）正视图　　　　　　　　　　（b）后视图

图 10.2　单桩基础 M 超静孔压比分布云图

（a）正视图　　　　　　　　　　（b）后视图

图 10.3　复合式桩–盘基础 H-D3-2t 超静孔压比分布云图

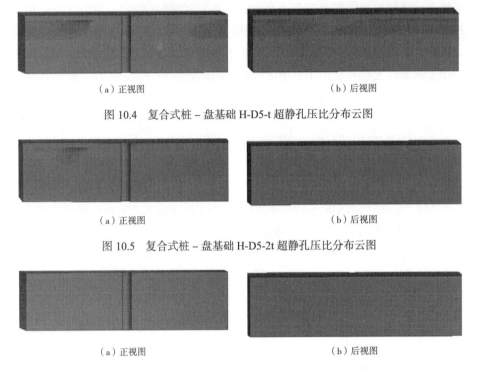

（a）正视图　　　　　　　　　　　　　（b）后视图

图 10.4　复合式桩 – 盘基础 H-D5-t 超静孔压比分布云图

（a）正视图　　　　　　　　　　　　　（b）后视图

图 10.5　复合式桩 – 盘基础 H-D5-2t 超静孔压比分布云图

（a）正视图　　　　　　　　　　　　　（b）后视图

图 10.6　复合式桩 – 盘基础 H-D7-2t 超静孔压比分布云图

通过观察可知，强震作用下自由场液化深度较大，沿深度方向基本全部液化。对于桩周土体孔压比的响应，无论是单桩工况还是复合式桩 – 盘基础工况在桩周上部土体中都存在一定的负压区；而桩周下部土体在单桩基础和复合式桩 – 盘基础 H-D3-t、H-D5-t 工况下相较自由场土体的超静孔压比要大，更容易液化，而在复合式桩 – 盘基础 H-D5-2t、H-D7-2t 作用下超静孔压比较自由场要小。这是因为桩周处桩 – 土相互作用较为激烈，风机结构惯性作用导致上部土体存在较大的剪切变形而出现剪胀效应，对桩周下部土体剪切位移较小，数值更加稳定；而重力盘的存在增大了桩周土体的有效应力，才使得土体超静孔压比更小。经过对比观察得出：不同基础地基土体的液化范围明显不同，同一振动荷载下随着重力盘重量和直径的增加，土体液化区域的面积越小。特别是对于复合式桩 – 盘基础 H-D5-2t、H-D7-2t 周围非液化土体已经到达桩体底部，进一步证实复合式桩 – 盘基础有利于减小桩周土体的液化。

10.2.2　自由场动力响应模拟分析

由于自由场土体受基础影响较小，不同结构类型基础下的响应基本类似，所以首先对 0.35g 峰值地震波、高渗透系数工况下自由场土体的动力响应特性进行分析，从而了解自由场不同深度土体的液化规律。采用自由场中监测点 1 ~ 5 记录的孔隙水压力和加速度信息进行分析，监测点 1 ~ 5 沿深度方向由浅到深分布。

图 10.7（a）从上到下显示了自由场中监测点 1、测点 2、测点 3、测点 4、测点 5 处土体超静孔压比的模拟结果，为了方便比较，在图中增加了网格线，从中可以得到自由场从浅到深超静孔隙水压力的动力响应规律。从数值大小来看，随着深度的增加，超静孔压比的峰值减小，

在测点 5 处超静孔压比未达到 1.0，此工况下地基液化深度达到 10.0m 左右，液化深度较大；从孔隙水压力的消散时间来看，深层土体比浅层土体超静孔隙水压力开始消散的时间要早，其中测点 1 处孔隙水压力于 17s 开始消散，而测点 5 处孔隙水压力于 13s 就开始消散。这些规律表明，自由场地基土体液化是从地基浅层向地基深层发展的，孔隙水压力的消散是从地基深层向地基浅层发展的。

图 10.7（b）从上到下显示了自由场中监测点 1、测点 2、测点 3、测点 4、测点 5 处土体加速度模拟结果与输入加速度的对比图。通过与输入加速度对比，可以看出测点 1 处加速度在 5s 之后出现明显衰减，而且与输入加速度存在明显的相位差，加速度周期变长。随着深度增加，测点 5 处加速度衰减程度是最小的，非常接近输入加速度，加速度周期变长的现象也消失不见。这种现象说明深层土体可以承受更大的剪切应力，饱和砂土的液化是由浅到深发展的。

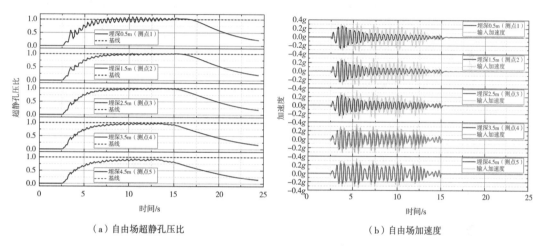

（a）自由场超静孔压比　　　　　　　　（b）自由场加速度

图 10.7　自由场超静孔压比和加速度

10.2.3　不同时间节点基础孔压比响应规律模拟分析

针对 0.35g 峰值地震波、高渗透系数工况下超静孔压比响应随时间和空间的分布规律，本节将不同时间节点 1 ~ 15 测点处的超静孔压比进行对比。图 10.8 为不同时间节点单桩基础 M 超静孔压比剖面图。图 10.9 为不同时间节点复合式桩 – 盘基础 H-D3-2t 超静孔压比剖面图。图 10.10 为不同时间节点复合式桩 – 盘基础 H-D5-t 超静孔压比剖面图。图 10.11 为不同时间节点复合式桩 – 盘基础 H-D5-2t 超静孔压比剖面图。图 10.12 为不同时间节点复合式桩 – 盘基础 H-D7-2t 超静孔压比剖面图。截取 5s、10s、15s、20s 时间节点对比场地内孔隙水压比的变化规律，分别对应孔隙水压力上升点、孔隙水压力维持点、动力输入结束点、孔隙水压力消散点，下面就这四个阶段展开分析。

（1）根据模拟结果显示，在 5s 时刻，单桩基础桩周及近桩处土体超静孔压比随深度的增加变化趋势类似，呈现出先减小后增大的趋势，相较自由场土体的超静孔压比要小，三条趋势线整体呈"川"字形分布。这可能是因为在大震工况下桩周处桩 – 土相互作用十分剧烈，导致土体发生较大的剪切变形，产生剪胀效应，使得土体超静孔隙水压力波动较大，甚至在桩周 2.5m

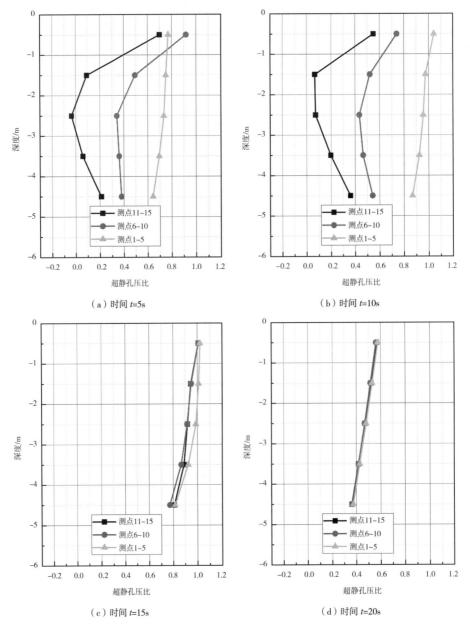

（a）时间 $t=5s$　　　　　　　　　　（b）时间 $t=10s$

（c）时间 $t=15s$　　　　　　　　　　（d）时间 $t=20s$

图 10.8　不同时间节点单桩基础 M 超静孔压比剖面图

埋深测点 13 处产生一定的负压，距离桩体越近，这种趋势越明显。反观自由场土体超静孔压比随深度增加而减小，且变化幅度小而平滑。复合式桩 − 盘基础工况下，三条趋势线相互分离，也呈"川"字形分布。但桩周及近桩浅层土体超静孔压比相比单桩工况下进一步减小，说明重力盘的加入有助于减小桩基下部及周围土体的液化。进一步对比 H-D3-2t、H-D5-2t、H-D7-2t 发现，测点 11 ~ 15 处土体超静孔压比随深度的增加而增大，而测点 6 ~ 10 仅在 H-D5-2t、H-D7-2t 工况下呈现类似规律，在 H-D3-2t 工况下呈现先增大后减小的趋势。这是因为测点 6 ~ 10 没有分布在 H-D3-2t 重力盘的正下方。通过对上述规律进行总结发现，在上部结构荷载增加时，

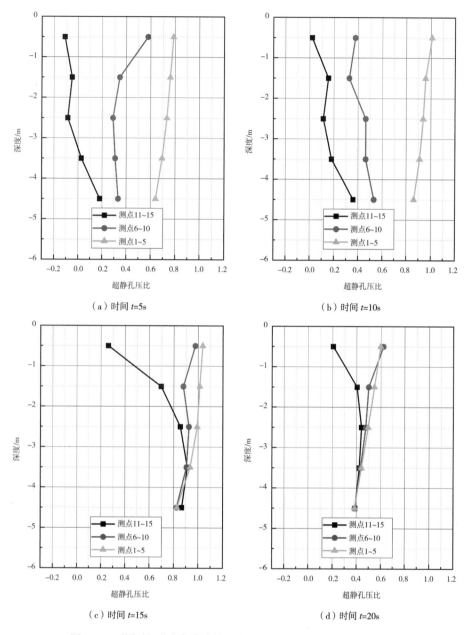

图 10.9　不同时间节点复合式桩 – 盘基础 H-D3-2t 超静孔压比剖面图

其正下方土体超静孔压比随深度的增加而增大，其表现出的液化规律与自由场土体相反，而结构周围土体受附加应力影响较小，超静孔压比呈现随深度的增加先减小后增大的趋势。对比复合式桩 – 盘基础 H-D5-t、H-D5-2t 发现，重力盘直径不变时，增加重力盘厚度（重量）有利于超静孔压比的进一步减小。由此可见，在工况 1 下，桩周围土体出现剪胀效应，复合式桩 – 盘基础下土体有效应力的增加可以进一步减小超静孔压比，有助于减轻地基液化程度。

（2）在 10s 时刻，随着振动荷载的累加，超静孔压比持续累积，浅层土体超静孔压比已达 1.0，场地内各测点孔压比沿深度的变化规律总体上与 5s 时刻类似且未出现负压。

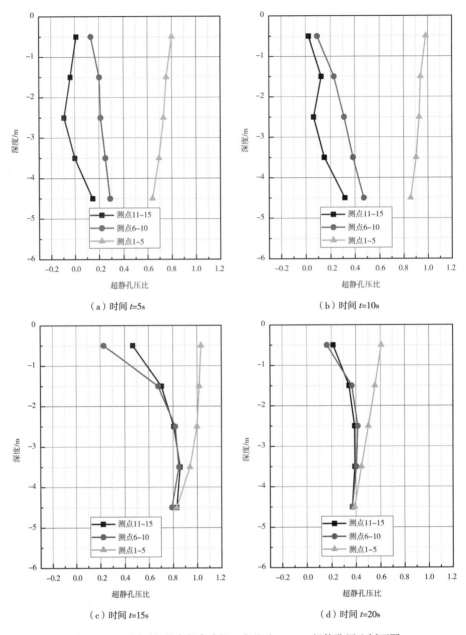

（a）时间 t=5s

（b）时间 t=10s

（c）时间 t=15s

（d）时间 t=20s

图 10.10　不同时间节点复合式桩 – 盘基础 H-D5-t 超静孔压比剖面图

（3）在 15s 时刻，随着震动荷载的结束，饱和土体的孔隙水压力也趋于稳定，超静孔压比接近 1.0。单桩工况下三条趋势线几乎合并，同一水平高度内测点的超静孔压比十分接近，且随着深度的增加逐渐减小，桩周及近桩土体超静孔压比相较于自由场土体超静孔压比略小。复合式桩 – 盘基础工况下，三条趋势线存在分离现象，说明附加应力的增加使得同一水平高度土体的超静孔压比产生差距。复合式桩 – 盘基础 H-D3-2t、H-D5-2t、H-D7-2t 对比单桩基础发现，与单桩基础工况下出现的规律相反，测点 11 ～ 15 处土体超静孔压比随深度的增加而增大；而测点 6 ～ 10 仅在模型 H-D5-2t、H-D7-2t 下呈现类似规律，在模型 H-D3-2t 下呈现减小趋势。

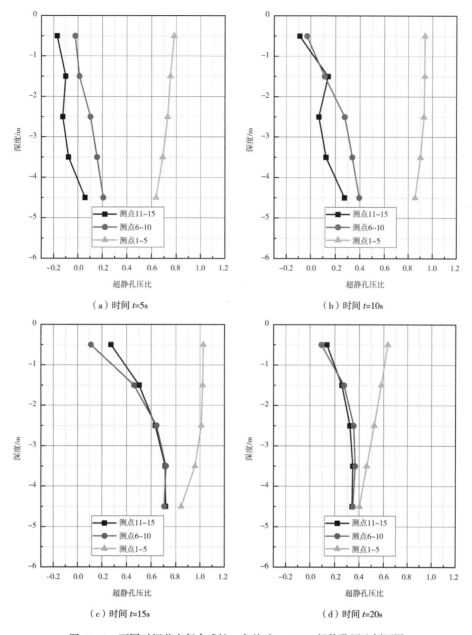

（a）时间 *t*=5s

（b）时间 *t*=10s

（c）时间 *t*=15s

（d）时间 *t*=20s

图 10.11 不同时间节点复合式桩 – 盘基础 H-D5-2t 超静孔压比剖面图

这是因为测点 6 ~ 10 没有分布在模型 H-D3-2t 下桩 - 盘的正下方。进一步对比在模型 H-D5-2t、H-D7-2t 测点 6 ~ 10 和测点 11 ~ 15 的计算结果发现，即使测点都位于重力盘正下方，但在浅层土体中测点 6、测点 7 处的超静孔压比大于测点 11、测点 12，这与单桩基础工况下表现出的现象不同，这是因为重力盘阻断了水压力的竖向消散路径，形成水压力的侧向渗透，重力盘直径的增加延长了测点 11、测点 12 处土体超静孔隙水压力的消散路径，才使得水压力的消散速度变慢。这与试验结论相同，进一步验证了数值模型的准确性。对比复合式桩 – 盘基础 H-D5-2t、H-D7-2t 发现，重力盘直径不变时增加重力盘厚度（重量）将增大附加应力的影响深度，从而

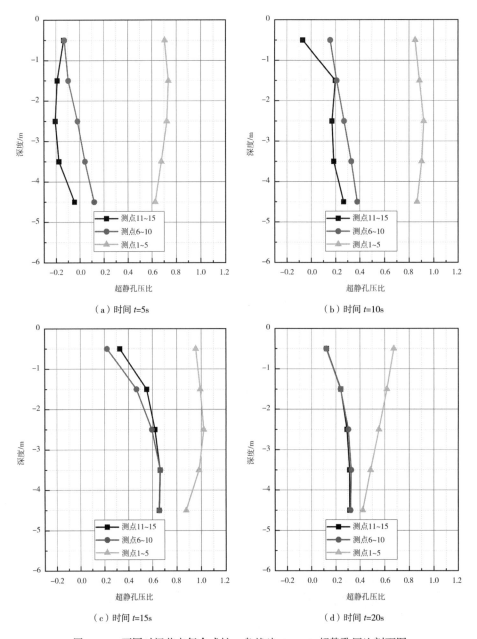

（a）时间 t=5s

（b）时间 t=10s

（c）时间 t=15s

（d）时间 t=20s

图 10.12　不同时间节点复合式桩 – 盘基础 H-D7-2t 超静孔压比剖面图

使得深层土体（测点 10 和测点 15 处）超静孔压比的数值大小相近。

（4）在 20s 时刻，孔隙水压力已经消散一段时间，可以更加明显地观测附加应力对超静孔压比沿深度和水平方向的变化规律的影响。单桩工况下由于同一深度土体孔隙水压力的消散路径同样长，且没有重力盘荷载使得同一水平高度有效应力水平相当，使得同一水平高度测点的超静孔压比数值接近，三条趋势线合并，沿深度方向从浅到深超静孔压比逐渐减小。复合式桩 – 盘基础工况下，三条趋势线存在分离，说明附加应力的增加使得同一水平高度土体的超静孔压比产生差距，通过与自由场超静孔压比的对比可以得到附加应力的影响深度，对比复合式

桩 – 盘基础 H-D3-2t、H-D5-2t、H-D7-2t 工况超静孔压比的分离位置发现，复合式桩 – 盘基础 H-D3-2t 的影响深度为 3.5m，复合式桩 – 盘基础 H-D5-2t 的影响深度为 4.5m，复合式桩 – 盘基础 H-D7-2t 的影响深度更大。进而由桩周和近桩土体测点的超静孔压比的差值大小可以判断出复合式桩 – 盘基础 H-D3-2t 的影响范围最小，复合式桩 – 盘基础 H-D7-2t 的影响范围最大。对比复合式桩 – 盘基础 H-D5-t、H-D5-2t 发现，重力盘直径不变时增加重力盘厚度（重量）可以增加附加应力的影响深度，而水平影响范围没有明显变化。由此可知，重力盘直径和重量越大，土体抗液化能力得到提升的范围越大，这与实际情况是相符的，说明数值模型可以反映地基所处的有效应力状态。

10.3　0.10*g* 峰值地震波、高渗透系数工况下基础响应模拟分析

不同峰值加速度地震波对基础造成的灾变后果存在较大差异，针对这一问题本节开展了在峰值加速度为 0.1g 峰值地震波、高渗透系数（1.0×10^{-4}cm/s）工况下复合式桩 – 盘基础的动力响应研究。记录不同深度、不同水平位置土体的孔隙水压力和加速度，分析了复合式桩 – 盘基础周围土体超静孔压比沿不同深度、位置的变化趋势和自由场土体的动力响应规律，绘制了饱和砂土场地孔压比分布云图观察砂土液化情况。

10.3.1　孔压比分布云图

15s 时地震动即将结束，孔隙水压力累积到最高值且数值较为稳定。图 10.13 为 0.10*g* 峰值地震波、高渗透系数工况下单桩基础 M 超静孔压比分布云图，图 10.14 为 0.10*g* 峰值地震波、高渗透系数工况下复合式桩–盘基础 H-D3-2t 超静孔压比分布云图，图 10.15 为 0.10*g* 峰值地震波、高渗透系数工况下复合式桩–盘基础 H-D5-t 超静孔压比分布云图，图 10.16 为 0.10*g* 峰值地震波、高渗透系数工况下复合式桩 – 盘基础 H-D5-2t 超静孔压比分布云图，图 10.17 为 0.10*g* 峰值地震波、高渗透系数工况下复合式桩 – 盘基础 H-D7-2t 超静孔压比分布云图，借此说明此工况下不同结构类型的基础作用下饱和砂土场地的液化区域的分布情况。

（a）正视图　　　　　　　　　　　　（b）后视图

图 10.13　单桩基础 M 超静孔压比分布云图

（a）正视图　　　　　　　　　　　　（b）后视图

图 10.14　复合式桩 – 盘基础 H-D3-2t 超静孔压比分布云图

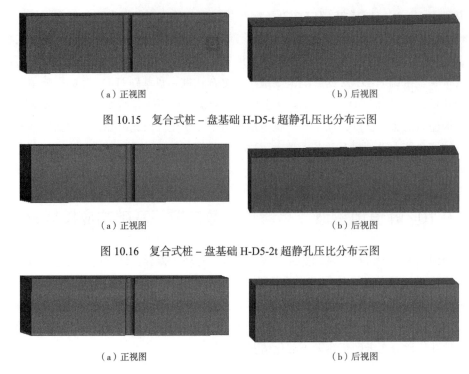

（a）正视图 （b）后视图

图 10.15 复合式桩 – 盘基础 H-D5-t 超静孔压比分布云图

（a）正视图 （b）后视图

图 10.16 复合式桩 – 盘基础 H-D5-2t 超静孔压比分布云图

（a）正视图 （b）后视图

图 10.17 复合式桩 – 盘基础 H-D7-2t 超静孔压比分布云图

相较于大震工况下不同结构类型基础饱和砂土场地的液化区域的分布情况，小震工况下不同结构类型基础饱和砂土场地的液化程度明显降低，液化深度较浅，液化现象止步于地基浅层。单桩基础 M 桩周土体比相同深度的自由场土体更容易液化，同时在复合式桩 – 盘基础桩 – 土交界处也可以看出土体的超静孔压比较大，土体更容易液化。这可能是因为桩周相互运动使得桩周土体更易液化，但过大的相互作用会引起一定负压。在重力盘基础下方土体的抗液化性能更强，证明复合式桩 – 盘基础有利于减少地基土体的液化。

10.3.2 自由场动力响应模拟分析

由于自由场土体受桩 – 土相互作用扰动影响较小，采用沿深度方向从浅到深分布的监测点 1 ~ 5 记录的孔隙水压力和加速度信息沿深度方向对自由场土体动力响应规律进行分析，从而了解 $0.10g$ 峰值地震波、高渗透系数工况下自由场土体液化规律和加速度响应特征。

图 10.18（a）从上到下显示了数值模拟自由场中监测点 1、测点 2、测点 3、测点 4、测点 5 处土体超静孔压比的计算结果，为了方便比较，在图 10.18 中增加了网格线，从中可以得到自由场从浅到深超静孔隙水压力的动力响应规律。通过对模拟结果峰值大小进行比较发现，随着深度的增加，超静孔压比的峰值减小，而且各个测点土体超静孔隙水压力峰值相比峰值加速度为 $0.35g$ 地震波作用下的结果要低不少，但其变化规律保持一致，液化现象最先出现在地表；从孔隙水压力的累积和消散时间来看，相比峰值加速度为 $0.35g$ 地震波作用下孔隙水压力峰值的维持时间要短，超静孔隙水压力消散时间更是有所提前。这说明地基在 $0.1g$ 峰值加速度小型地震波作用下刚度损失较小，地震加速度减小到某一适当水平时超静孔隙水压力无法继续维持。

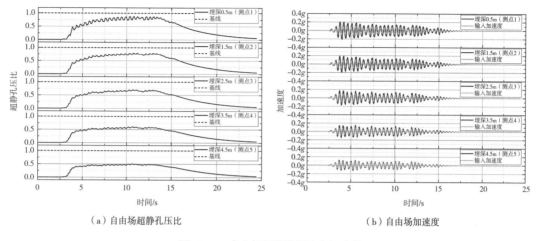

（a）自由场超静孔压比　　　　　　　　　　（b）自由场加速度

图 10.18　自由场超静孔压比和加速度

图 10.18（b）从上到下显示了自由场中监测点 1、测点 2、测点 3、测点 4、测点 5 处土体加速度模拟结果与输入加速度的对比图，按测点深度的大小从上到下进行排列。通过与输入加速度对比可以发现，地基土体加速度相比较输入加速度存在较为明显的放大效应，而且 0.1g 峰值加速度作用下土体加速度没有出现 0.35g 峰值加速度作用下的衰减现象。进一步对比加速度放大倍数发现，越接近地表位置的土体加速度放大倍数越大。其中测点 1 处加速度放大 2.02 倍；测点 2 处加速度放大 1.91 倍；测点 3 处加速度放大 1.70 倍；测点 4 处加速度放大 1.36 倍；测点 5 处加速度放大倍数仅为 1.21 倍，整体波形与输入加速度非常接近。表明 0.1g 峰值加速度地震作用下地基没有发生液化现象，且越靠近地表位置土体加速度的放大倍数越大。

10.3.3　不同时间节点基础孔压比响应规律模拟分析

图 10.19 ~ 图 10.23 按顺序依次为 0.10g 峰值地震波、高渗透系数工况下单桩基础 M 和复合式桩 – 盘基础 H-D3-2t、H-D5-t、H-D5-2t、H-D7-2t 的不同时间节点超静孔压比剖面图。考虑地震波峰值加速度大小对不同基础超静孔压比响应规律的影响，本节将不同时间节点 0.10g 峰值地震波、高渗透系数工况下 1 ~ 15 测点处超静孔隙水压力响应进行对比，解释了此工况下饱和砂土地基不同位置土体超静孔压比随时间和空间的分布规律。

根据数值模拟结果显示，在 5s 时刻，单桩基础 M 桩周及近桩处土体超静孔压比相较自由场土体的超静孔压比小，三条趋势线整体呈"川"字形分布。这一表现与 0.35g 大震工况下得出的结论一致，但是三条线之间的距离进一步减小，说明无论地震强度的大小，桩体惯性作用导致的桩周处桩 – 土相互作用都会使土体发生明显剪切变形，产生滞后于自由土体孔隙水压力的响应，甚至在桩周 2.5m 埋深测点 13 处由静抗剪应力导致的滞后效应最为明显。而对于复合式桩 – 盘基础工况下，重力盘基础的加入使得土体的静抗剪应力进一步增大，甚至产生一定的负压，距离桩体越近趋势越明显，而自由场土体超静孔压比随深度增加的变化规律在不同结构类型基础模型中表现相同。

在 10s 时刻，随着重力盘直径和重量的增加，测点处超静孔压比沿深度方向有以下变化趋势：在浅层土体中桩周土体超静孔压比与自由场的超静孔压比差值越来越大，而在深层土体两

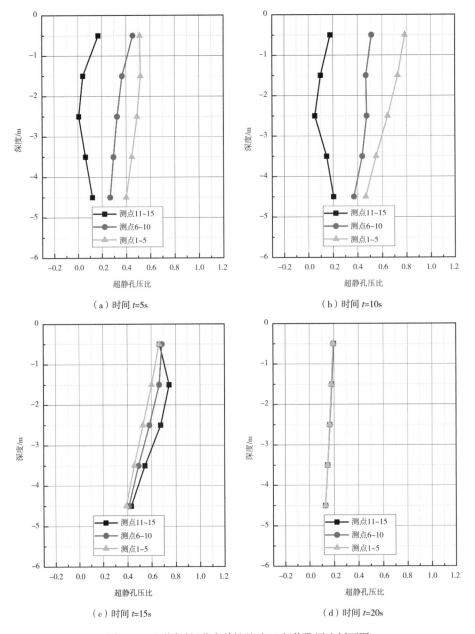

图 10.19 不同时间节点单桩基础 M 超静孔压比剖面图

者差值越来越小。这一方面表明随着振动荷载的累加，可以得到超静孔压比的持续累积；另一方面是因为浅层土体受到附加应力的影响，抗液化能力得到提升，但浅层土体超静孔压比未达到 1.0，土体的液化趋势不明显。

在 15s 时刻，随着震动荷载的结束，超静孔隙水压力得到进一步发展，土体孔隙水压力也趋于稳定。与 0.35g 大震工况下土体超静孔压比的表现不同，单桩工况下虽然三条趋势线也表现出合并趋势，但是近桩和桩周土体测点 6～15 处的超静孔压比大于自由场土体测点的超静孔压比，在小震工况下桩周土体在遭受动力荷载时土体扰动较大，土体容易液化，单桩工况下

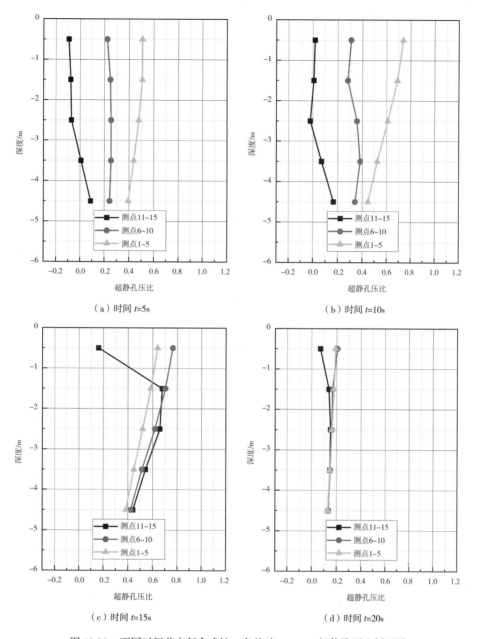

图 10.20　不同时间节点复合式桩 – 盘基础 H-D3-2t 超静孔压比剖面图

土体的超静孔压比整体表现为随深度的增加而减小的规律。复合式桩 – 盘基础工况下三条趋势线在浅层土体处存在分离，整体呈 Y 形分布，说明附加应力的增加使得同一水平高度土体的超静孔压比产生差距。沿深度方向，复合式桩 – 盘基础工况在测点 6 ~ 15 的超静孔压比与单桩工况下出现的规律相反。其中测点 11 ~ 15 处土体超静孔压比随深度的增加而增大，而测点 6 ~ 10 在复合式桩 – 盘基础 H-D5-t、H-D5-2t、H-D7-2t 工况下呈现类似规律，在复合式桩 – 盘基础 H-D3-2t 工况下与单桩 M 工况下表现相同。这是因为测点 6 ~ 10 没有分布在 H-D3-2t 工况下桩 - 盘的正下方。进一步对比在 H-D5-2t、H-D7-2t 工况下测点 6 ~ 10 和测点 11 ~ 15

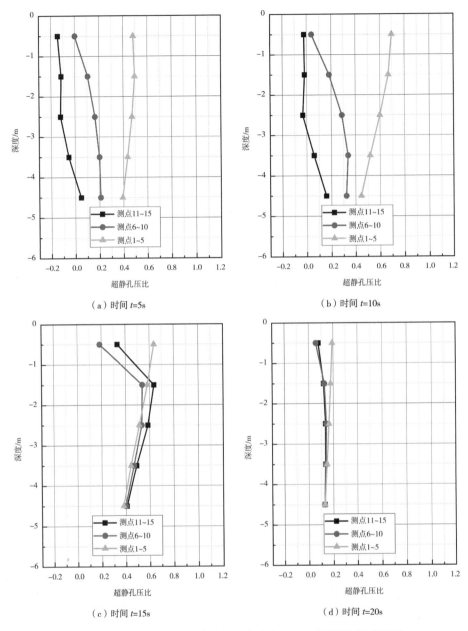

图 10.21 不同时间节点复合式桩 – 盘基础 H-D5-t 超静孔压比剖面图

处的数值模拟结果发现，由于重力盘阻断了水压力竖向消散路径，形成水压力的侧向渗透，重力盘直径的增加延长了浅层测点处土体孔隙水压力的消散路径，使得水压力的消散速度变慢。

在 20s 时刻，可以更加明显地观测附加应力对地基超静孔压比沿深度和水平方向的变化规律。与大震工况表现相似，复合式桩 – 盘基础工况下三条趋势线存在分离，但分离程度变小。通过与自由场超静孔压比的对比，可以得到附加应力的影响深度，在复合式桩 – 盘基础模型中，随着重力盘直径的增加，附加应力的影响在垂直和水平方向都有扩大。由测点超静孔压比的分

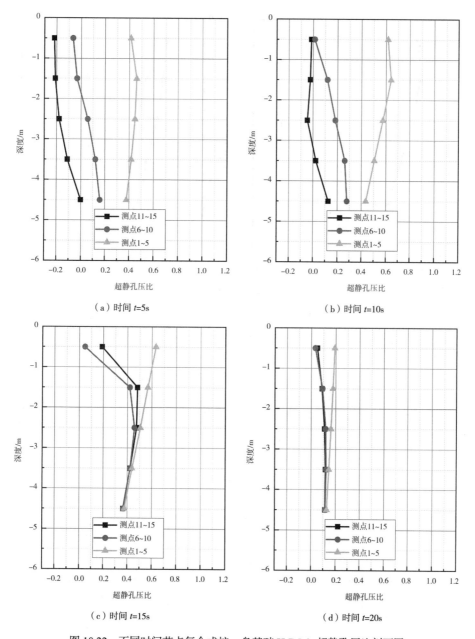

（a）时间 *t*=5s

（b）时间 *t*=10s

（c）时间 *t*=15s

（d）时间 *t*=20s

图 10.22　不同时间节点复合式桩 – 盘基础 H-D5-2t 超静孔压比剖面图

离位置可以判断出复合式桩 – 盘基础 H-D3-2t 下的影响深度为 1.5m，复合式桩 – 盘基础 H-D5-2t 下的影响深度为 3.5m，复合式桩 – 盘基础 H-D7-2t 下的影响深度达到 4.5m。对比复合式桩 – 盘基础模型 H-D3-2t、H-D5-2t 发现，增加重力盘厚度（重量）可以增加附加应力的影响深度，而水平影响范围没有明显变化。

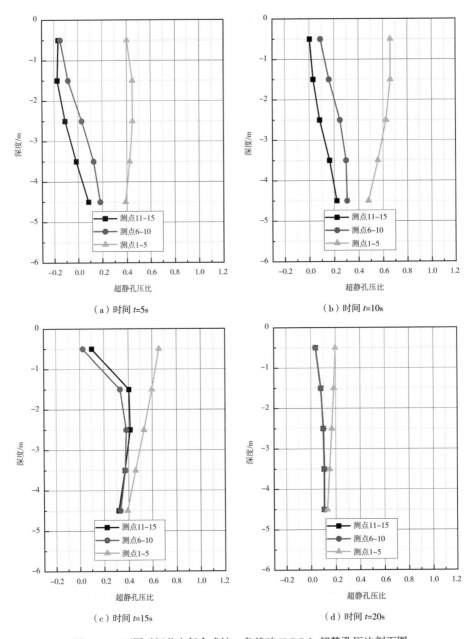

图 10.23 不同时间节点复合式桩 – 盘基础 H-D7-2t 超静孔压比剖面图

10.4 0.10*g* 峰值地震波、低渗透系数工况下基础响应模拟分析

离心机试验中采用水作为饱和液体使得超静孔隙水压力的消散速度过快，为研究地基渗透系数对复合式桩 – 盘基础饱和砂土地基动力响应的影响规律，本节借助 OpenSees 有限元计算平台分析了 0.1*g* 峰值加速度地震波，渗透系数（1.0 × 10⁻⁵ cm/s）下复合式桩 – 盘基础的动力响应，

记录不同深度、不同水平位置土体的孔隙水压力和加速度，分析了复合式桩－盘基础周围土体孔隙水压力沿不同深度、位置的变化趋势和自由场土体的动力响应规律，绘制了饱和砂土场地孔压比分布云图观察砂土液化情况。

10.4.1　孔压比分布云图

图 10.24 ～图 10.28 按顺序依次为 0.10*g* 峰值地震波、低渗透系数工况下单桩基础 M 和复合式桩盘基础 H-D3-2t、H-D5-t、H-D5-2t、H-D7-2t 的超静孔压比分布云图。云图截取的时间节点为 15s，此时孔隙水压力累积到最高值且数值较为稳定。图 10.24 ～图 10.28 中左侧正视图突出了桩－土交界处超静孔压比的分布云图，右侧后视图更好地突出了地基自由场土体超静孔压比的分布云图。需要说明的是由于地表土体节点孔隙水压力和垂直有效应力在整个过程中接近为 0，所以得到的超静孔压比云图的地表位置不具有参考意义。

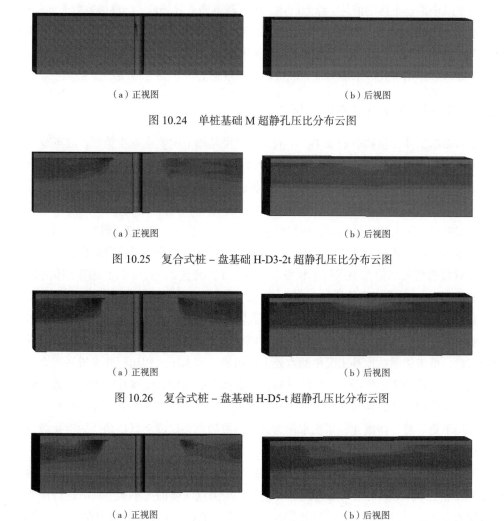

（a）正视图　　　　　　　　　　（b）后视图

图 10.24　单桩基础 M 超静孔压比分布云图

（a）正视图　　　　　　　　　　（b）后视图

图 10.25　复合式桩－盘基础 H-D3-2t 超静孔压比分布云图

（a）正视图　　　　　　　　　　（b）后视图

图 10.26　复合式桩－盘基础 H-D5-t 超静孔压比分布云图

（a）正视图　　　　　　　　　　（b）后视图

图 10.27　复合式桩－盘基础 H-D5-2t 超静孔压比分布云图

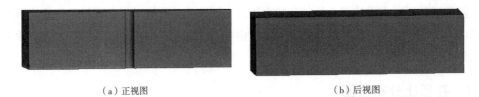

（a）正视图　　　　　　　　　　　　　　　　　　（b）后视图

图 10.28　复合式桩 – 盘基础 H-D7-2t 超静孔压比分布云图

相同峰值加速度地震作用下，与高渗透系数场地中不同结构类型基础饱和砂土场地的液化云图相比，低渗透系数的地基在地震作用下发生了大面积液化，自由场液化深度达 3.0m 左右。通过对比发现，由于地震作用下桩 – 土相互作用使桩周土体受到扰动较大，在单桩基础和复合式桩 – 盘基础模型中都观察到桩周土体比相同深度的自由场土体更容易液化。在重力盘基础下方土体的抗液化性能更强，桩周上部土体的超静孔压比响应值较小，证明复合式桩 – 盘基础工况下有利于减小地基土体的液化。综上所述，相比高渗透系数场地，低渗透系数下地基在 0.10g 峰值加速度地震波作用下土体的孔隙水压力累积更高，土体液化深度较大。但是从土体的抗液化能力变化规律来看，与高渗透系数地基表现相同，采用高渗透系数地基可以定性地总结饱和砂土场地在地震作用下孔隙水压力动力响应的一般规律。

10.4.2　自由场动力响应模拟分析

由于自由场土体受基础影响较小，不同结构类型基础下的响应基本类似，故本节沿深度方向对自由场土体动力响应规律进行分析，从而对 0.10g 峰值加速度地震波、低渗透系数工况下自由场土体液化规律和加速度响应特征进行分析。采用沿深度方向从浅到深分布的监测点 1 ~ 5 记录的孔隙水压力和加速度信息进行分析。

图 10.29（a）从上到下显示了自由场中监测点 1、测点 2、测点 3、测点 4、测点 5 处土体超静孔隙水压力的数值模拟结果，从中可以得到自由场从浅到深超静孔隙水压力的动力响应规律。通过对数值结果峰值大小进行比较发现，测点 1、测点 2、测点 3 处地基土体的超静孔压比峰值均达到 1.0，随着深度的增加，测点 4、测点 5 处地基土体的超静孔压比的峰值减小。在低渗透系数地基工况中，各个测点处土体超静孔隙水压力峰值相比高渗透系数地基中的结果要大，说明土体中超静孔隙水压力可以随着振动更好地保持累积状态。从孔隙水压力的累积和消散时间来看，低渗透系数地基工况中测点处土体超静孔隙水压力相比较高渗透系数地基工况维持时间更久，且消散速率更慢。在深度方向，随着深度的增加，土体孔隙水压力的消散速率逐渐加快，这在高渗透系数地基工况中是不易察觉的。这说明低渗透系数下地基在相同峰值加速度地震作用下更容易发生液化，采用水作为饱和溶液的离心试验会低估场地的液化潜力，但是得到的动力响应规律是类似的。

图 10.29（b）从上到下显示了数值模拟自由场中监测点 1、测点 2、测点 3、测点 4、测点 5 处土体加速度计算结果与输入加速度的对比图，按测点深度的大小从上到下进行排列。通过与输入加速度对比可以发现，土体加速度存在先增大后衰减的现象，此现象在测点 1 处最明显，10s 时出现明显衰减，随着深度的增加，在测点 5 处加速度没有出现衰减，加速度响应与输入加速度接近。这是因为加速度的衰减与土层中超静孔隙水压力的累积有关，在土体未液化之前

存在加速度放大现象，土体液化后加速度会衰减。

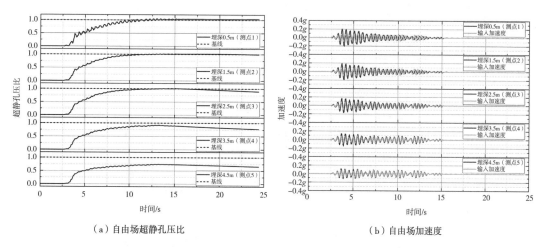

（a）自由场超静孔压比　　　　　　　　　（b）自由场加速度

图 10.29　自由场超静孔压比和加速度

10.4.3　不同时间节点基础孔压比响应规律模拟分析

图 10.30 ~ 图 10.34 按顺序依次为 0.10*g* 峰值地震波、低渗透系数工况下单桩基础 M 和复合式桩 - 盘基础 H-D3-2t、H-D5-t、H-D5-2t、H-D7-2t 的不同时间节点超静孔压比剖面图。考虑地基土体渗透系数对不同基础超静孔压比响应规律的影响，本节将不同时间节点复合式桩 - 盘基础在 0.10*g* 峰值地震波、低渗透系数工况下不同测点超静孔隙水压力响应进行对比，解释了饱和地基超静孔压比随时间和空间的分布规律。截取 5s、10s、15s、20s 时间节点对比场地内孔隙水压比的变化规律，分别对应孔隙水压力上升点、孔隙水压力维持点、动力输入结束点、孔隙水压力消散点。

在 5s 时刻，单桩工况中土体超静孔压比随深度的增加变化趋势不明显，这是因为在低渗透系数地基中孔隙水压力累积速度的差异较小。而在水平方向上，越靠近单桩基础超静孔压比数值越小，孔隙水压力响应存在滞后现象。复合式桩 - 盘基础工况中，三条趋势线相互分离，呈"川"字形分布，沿深度方向，桩周及近桩浅层土体超静孔压比随深度的增加而增大。重力盘的加入增大了结构的惯性作用，使得桩周土体孔隙水压力响应存在滞后现象更加明显，甚至出现负压区。

在 10s 时刻，随着振动荷载的累加，超静孔压比持续累积，自由场浅层土体超静孔压比已达 1.0，液化深度接近 3.0m。单桩 M 工况中桩周浅层土体也达到 1.0，复合式桩 - 盘基础工况中浅层土体出现负压，桩周土体超静孔压比随深度的增加而增大。各测点超静孔压比沿深度的变化规律总体上与 5s 时刻类似，且出现负压。

在 15s 时刻，随着震动荷载的结束，饱和土体的孔隙水压力趋于稳定。单桩工况中水平方向超静孔压比差距较小，桩周和近桩处土体的超静孔压比略小，在深度方向随着深度的增加逐渐减小。复合式桩 - 盘基础工况下，三条趋势线在土体浅层存在分离，说明附加应力的增加使得同一水平高度土体的超静孔压比产生差距。三条趋势线整体呈 Y 形分布，随着重力盘直径

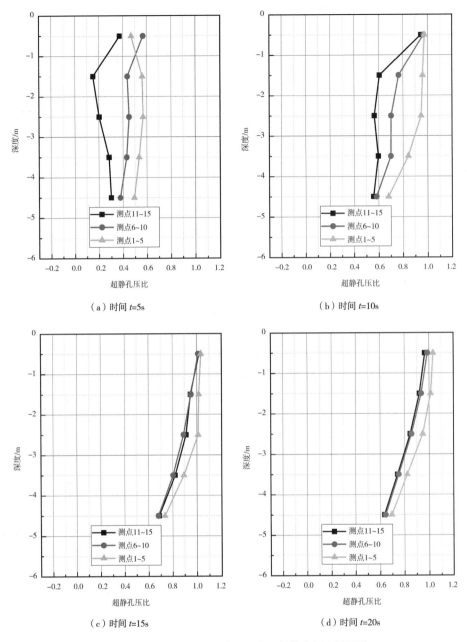

（a）时间 $t=5s$　　　　　　　　　　　（b）时间 $t=10s$

（c）时间 $t=15s$　　　　　　　　　　　（d）时间 $t=20s$

图 10.30　不同时间节点单桩基础 M 超静孔压比剖面图

　　的增加，三条趋势线整体呈 V 形分布，反映了非液化区域随重力盘直径和重量增加的变化过程，非液化区域沿深度和水平方向同时发展。

　　在 20s 时刻，孔隙水压力已经消散一段时间，可以更加明显地观测附加应力对地基超静孔压比沿深度和水平方向的变化规律。单桩工况中同一水平高度测点处的超静孔压比十分接近且随着深度的增加逐渐减小。与 15s 时刻的结果作对比发现，场地孔隙水压力消散十分缓慢，各测点处土体孔隙水压力的消散速度相同。这是因为单桩工况中同一水平高度位置土体孔隙

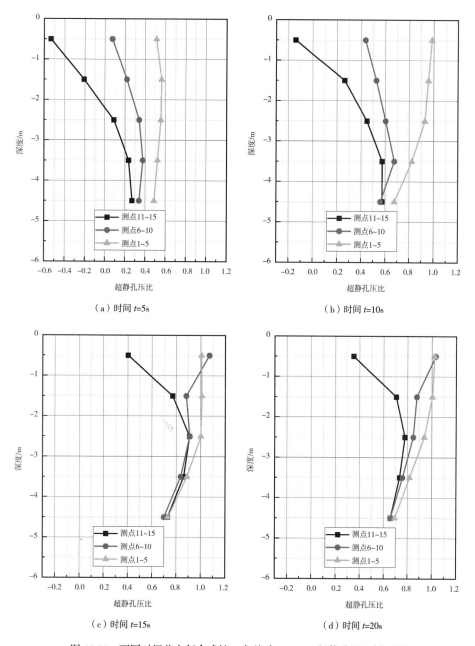

图 10.31   不同时间节点复合式桩 – 盘基础 H-D3-2t 超静孔压比剖面图

水压力的消散路径同样长，且没有重力盘荷载使得同一水平高度位置土体的有效应力水平相当，孔隙水压力的消散速度相近。复合式桩 – 盘基础工况中，与 15s 时刻的结果对比发现，近桩和桩周土体监测趋势线存在从分离走向合并的趋势，说明对于围压较大的土体其孔隙水压力消散速度更快，此新型基础更有利于灾后土体有效应力的恢复，从而减小土体液化带来的危害。

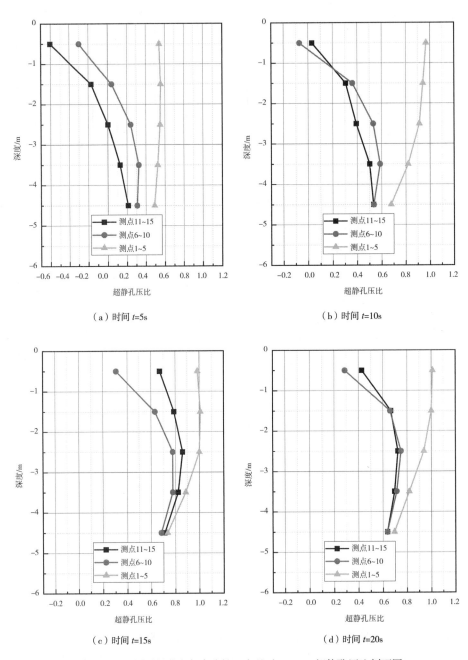

图10.32 不同时间节点复合式桩 – 盘基础 H-D5-t 超静孔压比剖面图

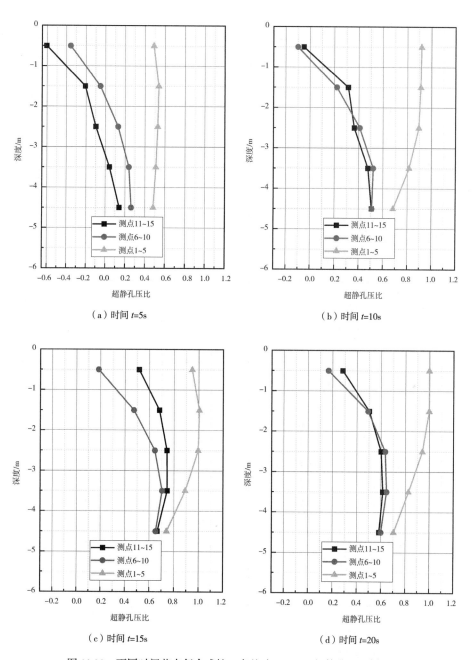

图 10.33 不同时间节点复合式桩－盘基础 H-D5-2t 超静孔压比剖面图

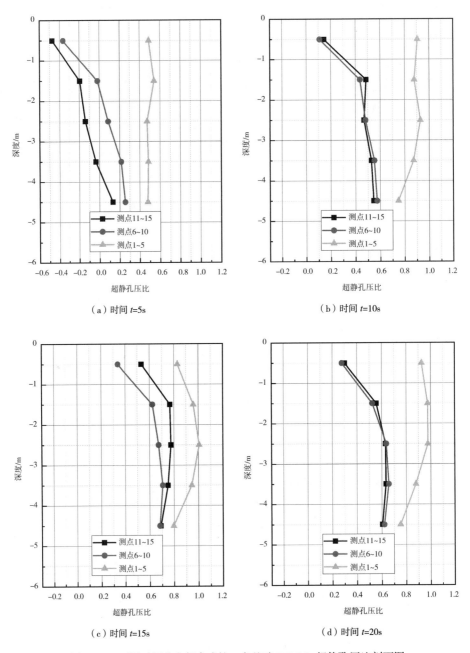

（a）时间 *t*=5s

（b）时间 *t*=10s

（c）时间 *t*=15s

（d）时间 *t*=20s

图 10.34　不同时间节点复合式桩 – 盘基础 H-D7-2t 超静孔压比剖面图

10.5　不同峰值地震波和渗透系数下地表沉降量模拟分析

表 10.1 ~ 表 10.5 按顺序显示了单桩基础 M 和复合式桩 – 盘基础 H-D3-2t、H-D5-t、H-D5-2t、H-D7-2t 在不同工况下地表沉降量的对比。其中，工况 1：0.35g 峰值加速度合成地震波，地基渗透系数为 1×10^{-4}cm/s；工况 2：0.10g 峰值加速度合成地震波，地基渗透系数为 1×10^{-4}cm/s；工况 3：0.10g 峰值加速度合成地震波，地基渗透系数为 1×10^{-5}cm/s。对比桩周土体地表沉降结果发现，大震工况下相较于小震工况下的地表沉降量要大；高渗透系数地基相较于低渗透系数地基的地表沉降量要大；地表沉降量与复合式桩 – 盘基础重力盘的直径和厚度成正比。

表10.1　　　　　　　　不同工况下单桩基础M模拟地表沉降量对比

工况条件	沉降量 /m		
	测量位置 1	测量位置 2	测量位置 3
1	0.037	0.008	0.015
2	0.026	0.005	0.011
3	0.007	0.002	0.003

表10.2　　　　　　不同工况下复合式桩 – 盘基础H–D3–2t模拟地表沉降量对比

工况条件	沉降量 /m		
	测量位置 1	测量位置 2	测量位置 3
1	0.265	0.034	0.002
2	0.106	0.002	0.009
3	0.079	0.006	0.001

表10.3　　　　　　不同工况下复合式桩 – 盘基础H–D5–t模拟地表沉降量对比

工况条件	沉降量 /m		
	测量位置 1	测量位置 2	测量位置 3
1	0.222	0.107	0.006
2	0.070	0.017	0.008
3	0.063	0.024	0.003

表10.4　　　　　　不同工况下复合式桩 – 盘基础H–D5–2t模拟地表沉降量对比

工况条件	沉降量 /m		
	测量位置 1	测量位置 2	测量位置 3
1	0.317	0.162	0.008
2	0.106	0.022	0.006
3	0.087	0.033	0.005

表10.5　　　　　　不同工况下复合式桩 – 盘基础H–D7–2t模拟地表沉降量对比

工况条件	沉降量 /m		
	测量位置 1	测量位置 2	测量位置 3
1	0.312	0.312	0.012
2	0.089	0.089	0.006
3	0.081	0.081	0.003

10.6 不同峰值地震波和渗透系数工况下塔头动力响应分析

10.6.1 不同峰值地震波工况下塔头水平位移响应对比分析

图 10.35 为相同渗透系数下单桩和复合式桩–盘基础在不同峰值加速度（0.35g 和 0.10g）地震波作用下塔头水平位移模拟结果的对比图。通过对比发现，大震工况下数值模拟得到的桩头水平位移结果在地震开始初期大于小震工况，在地震中后期与小震工况结果数值较为接近。说明地基液化与否对桩体的限制作用差别很大，地基的液化会减小对桩体水平位移的限制。复合式桩–盘基础模型塔头水平位移比单桩模型更大，这是因为模拟中限制了桩底的位移，带重力盘复合式桩–盘基础模型较单桩模型的惯性更大，导致复合式桩–盘基础模型塔头水平位移响应结果更大。进一步对比地震结束后的位移发现，大震工况下地基的液化容易造成塔头水平位移的偏移，产生了不可恢复的水平位移。

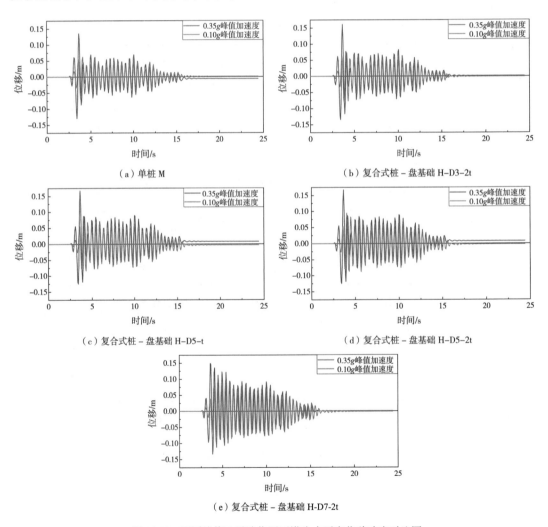

（a）单桩 M （b）复合式桩–盘基础 H–D3–2t

（c）复合式桩–盘基础 H–D5–t （d）复合式桩–盘基础 H–D5–2t

（e）复合式桩–盘基础 H–D7–2t

图 10.35 不同峰值地震波作用下塔头水平向位移响应对比图

10.6.2　不同渗透系数工况下塔头水平位移响应对比分析

图 10.36 为相同峰值地震波作用下单桩模型和复合式桩 – 盘基础模型在不同渗透系数地基（1.0×10^{-4}cm/s 和 1.0×10^{-5}cm/s）中塔头水平位移响应模拟结果的对比图。对比不同基础类型地基渗透系数对结果的影响发现，在地震开始初期得到的结果相同，地震中后期随着土体液化的差异，液化后的地基横向承载能力降低，低渗透系数地基工况较高渗透系数地基工况得到的结果出现衰减。对比单桩模型和复合式桩 – 盘基础模型塔头水平位移的模拟结果发现，无论在哪种工况下，复合式桩 – 盘基础比单桩工况下的结果增大。这是因为模拟中限制了桩底的位移，复合式桩 – 盘基础模型较单桩模型的惯性更大，导致复合式桩 – 盘基础模型塔头水平位移响应结果更大。

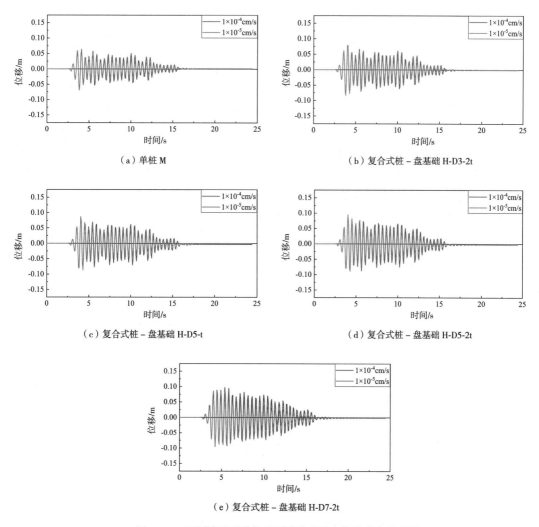

图 10.36　不同渗透系数场地下塔头水平向位移响应对比图

10.7 抗液化能力分析

10.7.1 抗液化提升比

由本章分析可知，复合式桩–盘基础对其影响范围内土体的抗液化能力有显著影响，基于数值模型的计算结果，本节借鉴抗液化特性提升比的概念定量分析了复合式桩–盘基础对饱和砂土地基抗液化能力的影响程度。测点处抗液化特性提升比 δ 定义为

$$\delta = \frac{\eta_{\mathrm{f}} - \eta_{\mathrm{b}}}{\eta_{\mathrm{f}}}$$

$$\eta = \frac{\mu}{\sigma} \tag{10.1}$$

式中：η 为超静孔压比；μ 为孔隙水压，MPa；σ 为有效应力，MPa；η_{f} 为自由场某一深度处的超静孔压比；η_{b} 为与自由场相同深度处桩周土体的超静孔压比。δ 为正时，表明桩周土体的抗液化能力增强；δ 为负时，表明桩周土体较同一深度自由场土体更容易液化。

图 10.37 为工况 1 下不同基础抗液化特性提升比的对比图，工况 1 定义为 0.35g 峰值加速度地震波、高渗透系数地基，监测点的位置如图 10.1 所示，可以得出桩周不同深度、不同水平位置处土体的抗液化能力的大小。经过对比发现，单桩基础 M 地基土体的抗液化提升比接近为零，抗液化能力没有得到提升；对于复合式桩–盘基础 H-D3-2t 模型，重力盘的加入使近桩处测点 11～13 处土的抗液化能力得到明显提升，而其他测点抗液化能力没有提升，这说明重力盘荷载作用下仅对其下方地基土体抗液化能力的提升较为明显，重力盘荷载作用的影响深度为 2.5m；随着重力盘直径的进一步增加，所有测点处土体的抗液化能力均得到提升，表现为浅层土体的抗液化能力大于深层土体；对比复合式桩–盘基础 H-D5-t 和 H-D5-2t，相同直径下重力盘重量与土体的抗液化能力成正比，随着重力盘重量的增加影响深度增大。

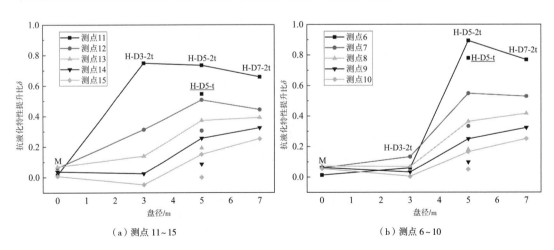

（a）测点 11～15　　　　　　（b）测点 6～10

图 10.37　工况 1 下不同基础抗液化特性提升比

图 10.38 为工况 2 下不同基础抗液化特性提升比的对比图，工况 2 定义为 0.10g 峰值加速

度地震波、高渗透系数地基。与工况 1 结果对比发现，只有测点 6 和测点 11 处土体的抗液化能力提升明显，而其他测点处均有减小，提升不明显。这是因为工况 2 的地震波加速度峰值较小，地基土的液化深度较浅，说明抗液化特性提升比被用来评价同一深度土体抗液化能力的差异，只有在地基发生液化的深度内才能较好地表达出复合式桩－盘基础桩周土体抗液化能力的提升。

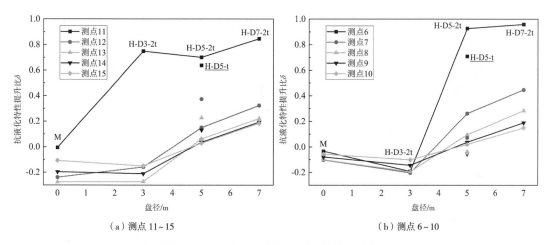

（a）测点 11～15　　　　　（b）测点 6～10

图 10.38　工况 2 下不同基础抗液化特性提升比

　　图 10.39 为工况 3 下不同基础抗液化特性提升比的对比，工况 3 定义为 0.10g 峰值加速度地震波、低渗透系数地基。与工况 1 结果对比发现，在液化深度内桩周土体抗液化特性提升比偏低，这主要是因为在低渗透系数下土体孔隙水压力更容易积累，从而导致场地水压力分布差异变小。

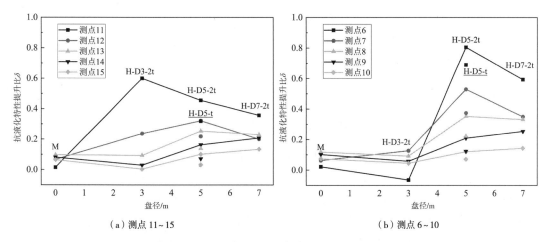

（a）测点 11～15　　　　　（b）测点 6～10

图 10.39　工况 3 下不同基础抗液化特性提升比

10.7.2　附加应力提升比

　　由本章分析得知，有效应力的增加会对土体的抗液化能力产生影响，附加应力大的地方其抗液化能力也有一定提高。附加应力受基础结构影响，有效应力可以通过覆盖层厚度计算，而动水压力由于测量设备和安装压力计的限制，结果不易得到。于是本节使用附加应力提升比的概念预估附加应力对地基土体抗液化能力的影响，附加应力提升比 β 定义为

$$\beta = \frac{\sigma_b - \sigma_f}{\sigma_b} \qquad (10.2)$$

式中：σ_b 为桩周土体的有效应力，MPa；σ_f 为自由场中同一深度土体的有效应力，MPa。与抗液化特性提升比不同的是，附加应力提升比的结果与荷载工况条件无关，可以较为方便地预估地基的抗液化能力。图 10.40 为不同基础附加应力提升比的对比图，经过对比发现，单桩基础 M 测点处土体的抗液化提升比接近为 0，抗液化能力没有得到提升；对于复合式桩 - 盘基础 H-D3-2t，测点 11~15 处土体的抗液化能力得到提升，影响的深度达 3.5m，而测点 6~10 抗液化能力提升有限，说明重力盘仅对其下方土体的抗液化能力的提升较为明显；随着重力盘直径的进一步增加，所选测点 6~15 都处于重力盘下方，土体受附加应力影响明显，抗液化能力都得到提升，表现为浅层土体的抗液化能力大于深层土体；对比复合式桩 - 盘基础 H-D5-t 和 H-D5-2t，相同直径下重力盘重量与土体的抗液化能力成正比。这些规律与工况 1、工况 3 下抗液化特性提升比的变化规律类似，表明这两个指标存在一定的联系。

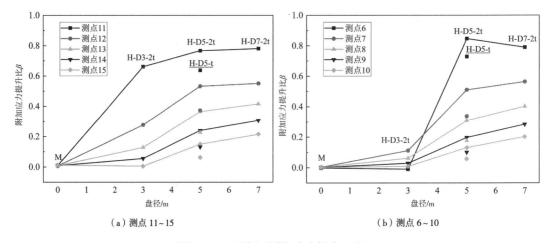

（a）测点 11~15   （b）测点 6~10

图 10.40 不同基础附加应力提升比对比

图 10.41 为工况 1 下 δ 和 β 的关系图，图 10.42 为工况 2 下 δ 和 β 的关系图，图 10.43 为工况 3 下 δ 和 β 的关系图，散点分布在等值线附近说明两指标具有较好的等价性，借此可以进一步了解 δ 和 β 的关系。通过观察发现，工况 1 下的分布情况最为理想，附加应力提升比可以较好地代替抗液化特性提升比完成对地基抗液化特性的预估工作；工况 3 下的表现次之，但各散点仍可以较好地分布在等值线附近；工况 2 下散点分布在等值线上方，说明预估保守，证明了之前的结论，在地基发生液化的深度内才能较好地表达出土体抗液化能力的提升。综上所述，说明附加应力是影响土体抗液化能力的主要因素，在地基超静孔压比较大的深度范围内，δ 和 β 具有较好的关联性。

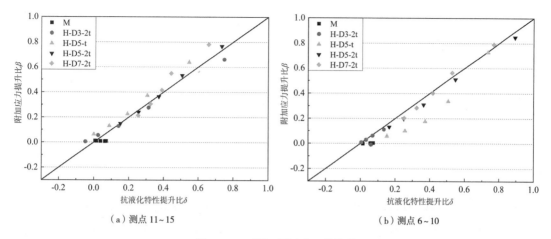

（a）测点 11~15　　　　　　　　　　（b）测点 6~10

图 10.41　工况 1 下 δ 和 β 的关系

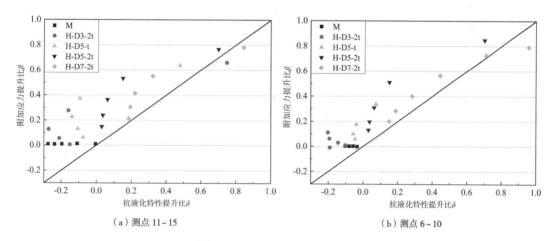

（a）测点 11~15　　　　　　　　　　（b）测点 6~10

图 10.42　工况 2 下 δ 和 β 的关系

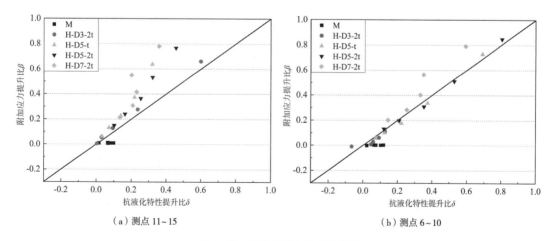

（a）测点 11~15　　　　　　　　　　（b）测点 6~10

图 10.43　工况 3 下 δ 和 β 的关系

10.8 抗液化能力预估方法

将式（10.1）和式（10.2）结合运算，得到 δ 和 β 的关系，可推导为式（10.3）。假设 $\mu_f = \mu_b$，则 $\delta = \beta$，说明附加应力提升比评估土体抗液化能力受水压力分布差异的影响。

$$\delta = \frac{\eta_f - \eta_b}{\eta_f} = \frac{\dfrac{\mu_f}{\sigma_f} - \dfrac{\mu_b}{\sigma_b}}{\mu_f / \sigma_f} = \frac{\mu_f \sigma_b - \mu_b \sigma_f}{\mu_f \sigma_b} \qquad (10.3)$$

由土的液化判别机理可以得出，有效应力和超孔隙水压力的分布是判断土液化的关键因素，所以想要提升此预估方法的可靠性，水压力分布的差异也值得考虑。有效应力可以通过覆盖层厚度计算，而孔隙水压力由于测量设备和安装压力计的限制，结果不易得到，水压力受场地地质、上部结构、外部荷载条件和地震激励等因素的影响，借助合理的数值模型，可以方便地考虑水压力影响。因此，为了描述孔隙水压力的影响，提高预估方法的准确性，本节引入修正系数 ξ，其与 β 和 δ 之间关系为

$$\delta = \xi\beta \qquad (10.4)$$

本节主要讨论了复合式桩－盘基础结构形式对孔隙水压力分布的影响。以复合式桩－盘基础 H-D7-2t 模型结果的矫正为基准，孔隙水压力修正系数列在表 10.6 中，同时假设单桩基础 M 模型的孔隙水压力修正系数为 1.0，其他基础模型的孔隙水压力修正系数根据重力盘直径进行线性差值取值。

表10.6 　　　　　　　　　　　　　孔隙水压力修正系数

测点深度 /m	工况 1		工况 2		工况 3	
	测点与桩距离 1.0m	测点与桩距离 2.5m	测点与桩距离 1.0m	测点与桩距离 2.5m	测点与桩距离 1.0m	测点与桩距离 2.5m
0.5	0.84	0.97	1.08	1.21	0.46	0.75
1.5	0.80	0.94	0.59	0.79	0.36	0.62
2.5	0.94	1.04	0.63	0.71	0.55	0.83
3.5	1.05	1.14	0.63	0.66	0.68	0.89
4.5	1.18	1.24	0.86	0.73	0.62	0.71

图 10.44 为工况 1 下修正后的 δ 和 β 的关系图，图 10.45 为工况 2 下修正后 δ 和 β 的关系图，图 10.46 为工况 3 下修正后 δ 和 β 的关系图。通过与修正前的结果对比发现，考虑孔隙水压力修正后，工况 2 作用下采用附加应力提升比预估土体的抗液化性能还是过于保守，不适用预估超静孔压比较小深度范围内地基土体的抗液化性能的差异；在强震或者低渗透系数地基的工况 1、工况 3 情况下，对土体的抗液化能力预估较为准确。

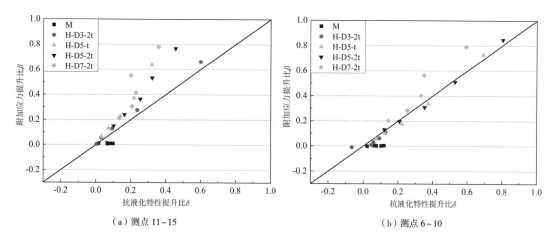

（a）测点 11~15　　　　　　　　　　（b）测点 6~10

图 10.44　工况 1 下修正后 δ 和 β 的关系

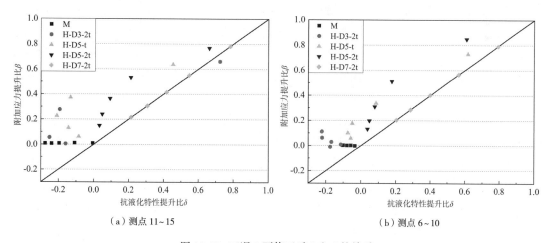

（a）测点 11~15　　　　　　　　　　（b）测点 6~10

图 10.45　工况 2 下修正后 δ 和 β 的关系

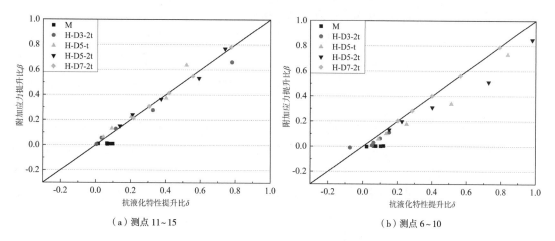

（a）测点 11~15　　　　　　　　　　（b）测点 6~10

图 10.46　工况 3 下修正后 δ 和 β 的关系

10.9　小结

随着海上风电行业的发展，复合式桩–盘基础作为一种新型基础，具有广阔的应用前景，但目前对其动力响应的研究不够。本章基于离心机振动台试验，建立了三维有限元数值分析模型。通过与离心机试验结果进行对比，验证了数值模型的合理性，考虑不同加速度峰值地震动和地基渗透系数影响，分析模拟结果，并总结了单桩和复合式桩–盘基础的动力响应规律，对推进复合式桩–盘基础的工程应用具有重要意义。最后，提出了修正的土体抗液化潜力预估方法。本章主要的结论如下：

（1）基于大震（0.35g）、高渗透系数地基工况下饱和砂土地基不同类型基础的数值模拟结果的对比发现，未液化土体的加速度相比输入加速度存在放大现象，土层越浅放大倍数越大；液化现象首先在地表出现，逐渐向深处发展，液化后的土体加速度相比输入加速度存在明显的衰减现象；桩周下部土体相较于同深度的自由场超静孔压比更大，更容易液化，桩周上部土体存在明显的剪胀效应抑制孔隙水压力的发展，孔隙水压力波动较大；复合式桩–盘基础桩周土体超静孔压比降低，抗液化能力得到提升，随着重力盘直径和重量的增加，其影响范围沿深度和水平方向发展；重力盘的存在阻断了浅层土体孔隙水压力竖向的消散路径，土体孔隙水压力消散路径变长，孔隙水压力消散速度变慢。

（2）地基土体渗透系数相同时，小震（0.1g）作用下高渗透系数地基导致土体孔隙水压力难以累积并消散较快，地基未出现液化现象；桩周土体在桩–土相互作用的扰动下，超静孔压比相比同一深度的自由场土体的超静孔压比更大，桩周土体更容易液化；自由场土体加速度存在明显的放大现象，土层越浅放大倍数越大。峰值加速度相同时，低渗透系数地基中土体孔隙水压力容易累积并消散较慢，地基液化深度增大；土体液化前土体加速度存在明显的放大现象，液化后土体加速度开始衰减，深层土体的加速度与输入加速度基本保持一致。

（3）基于不同峰值地震波和渗透系数地基工况下地表沉降结果的对比发现，大震工况下相较于小震工况下的地表沉降量要大；高渗透系数地基相较于低渗透系数地基的地表沉降量要大；地表沉降量与复合式桩–盘基础重力盘的直径和厚度成正比。基于不同峰值地震波和渗透系数工况下塔头水平位移结果的对比发现，地基土体的液化会降低对桩体横向位移的限制作用，大震工况比小震工况下塔头的水平位移更大，会产生不可恢复的位移；高渗透系数地基下水平位移响应更大。

（4）通过对比不同峰值加速度和渗透系数场地工况下抗液化特性提升比 δ 和附加应力提升比 β 的结果发现，在地基土体超静孔压比较大的深度范围内，二者具有很好的关联性，附加应力是影响土体抗液化能力的主要因素；基础的结构类型和重量会导致地基土体水压力分布的差异，通过考虑水压力分布的差异对土体抗液化能力预估结果的影响，可以提升预估方法的准确性。